办公软件综合实训

总主编　张小毅
主　编　钟　静
编　者（以姓氏笔画为序）
王　隽　王琼英　刘国纪
刘俊华　何　利　汪胜淑
祝　楠　娄　瑜　钟　静
彭翠萍

重庆大学出版社

内容提要

本书是中职计算机专业办公软件应用课程的配套实训教材，旨在提高学生综合应用 Office 办公软件处理办公室日常工作的能力。本书有 10 个实训单元，涵盖了 Office 办公软件在办公室日常工作中的应用。各实训单元又按具体工作要求分为多个训练任务。每个实训单元包含了能力目标、操作要点、4~6 套练习、实训反馈、实训报告和实训小结等内容。

本书是中等职业学校计算机专业学生的实训教材，也适合作为文秘专业学生办公自动化课程教材，以及办公室人员 Office 办公软件应用的培训教材。

图书在版编目(CIP)数据

办公软件综合实训/钟静主编.—重庆：重庆大学出版社，2010.8(2024.3 重印)
(中等职业教育计算机专业系列教材)
ISBN 978-7-5624-5573-8

Ⅰ.①办… Ⅱ.①钟… Ⅲ.①办公室—自动化—应用软件—专业学校—教材 Ⅳ.①TP317.1

中国版本图书馆 CIP 数据核字(2010)第 136631 号

办公软件综合实训

总主编 张小毅
主 编 钟 静
策划编辑：王 勇 李长惠 王海琼
责任编辑：李定群 高鸿宽 版式设计：王 勇
责任校对：邹 忌 责任印制：赵 晟

*

重庆大学出版社出版发行
出版人：陈晓阳
社址：重庆市沙坪坝区大学城西路 21 号
邮编：401331
电话：(023) 88617190 88617185(中小学)
传真：(023) 88617186 88617166
网址：http://www.cqup.com.cn
邮箱：fxk@cqup.com.cn (营销中心)
全国新华书店经销
POD：重庆新生代彩印技术有限公司

*

开本：787mm×1092mm 1/16 印张：8.25 字数：206 千
2010 年 8 月第 1 版 2024 年 3 月第 9 次印刷
ISBN 978-7-5624-5573-8 定价：25.00 元

序言

进入21世纪，随着计算机科学技术的普及和发展加快，社会各行业的建设和发展对计算机技术的要求越来越高，计算机已成为各行各业不可缺少的基本工具之一。在今天，计算机技术的使用和发展，对计算机技术人才的培养提出了更高的要求，培养能够适应现代化建设需求的、能掌握计算机技术的高素质技能型人才，已成为职业教育人才培养的重要内容。

按照“以就业为导向”的办学方向，根据国家教育部中等职业教育人才培养的目标要求，结合社会行业对计算机技术操作型人才的需要，我们在调查、总结前些年计算机应用型专业人才培养的基础上，重新对计算机专业的课程设置进行了调整，进一步突出专业教学内容的针对性和实效性，重视对学生计算机基础知识的教学和对计算机技术操作能力的培养，使培养出来的人才能真正满足社会行业的需要。为进一步提高教学的质量，我们专门组织了有丰富教学经验的教师和有实践经验的行业专家，重新编写了这套中等职业学校计算机专业教材。

本套教材编写采用了新的教育思想、教学观念，遵循的编写原则是：“拓宽基础、突出实用、注重发展。”为满足学生对计算机技术学习的需求，力求使教材突出以下几个主要特点：一是按专业基础课、专业特征课和岗位能力课三个层面设置课程体系，即：设置所有计算机专业共用的几门专业基础课，按不同专业方向开设专业特征课，同时根据专业就业所要从事的某项具体工作开设相关的岗位能力课；二是体现以学生为本，针对目前职业学校学生学习的实际情况，按照学生对专业知识和技能学习的要求，教材在编写中注意了语言表述的通俗性，以任务驱动的方式组织教材内容，以服务学生为宗旨，突出学生对知识和技能学习的主体性；三是强调教材的互动性，根据学生对知识接受的过程特点，重视对学生探究能力的培养，教材编写采用了以活动为主线的方式进行，把学与教有机结合，增加学生的学习兴趣，让学生在教师的帮助下，通过对活动的学习而掌握计算机技术的知识和操作的能力；四是重视教材的“精、用、新”，根据各行各业对计算机技术使用的需要，在教材内容的选择上，做到“精选、实用、新颖”，特别注意反映计算机的新知识、新技术、新水平、新趋势的发展，使所学的计算机知识和技能与行业需要相结合；五是编写的体例和栏目设置新颖，易受到中职学生的喜爱。这套教材实用性和操作性较强，能满足中等职业学校计算机专业人才培养目标的要求，也能满足学生对计算机专业技术学习的不同需要。

为了便于组织教学，与教材配套有相关教学资源材料供大家参考和使用。希望重新推出的这套教材能受到广大师生喜欢，为职业学校计算机专业的发展作出贡献。

中等职业学校计算机专业教材编写组

2008年7月

前 言

《办公软件综合实训》是中职学生学习使用 Office 办公软件的实训资料，旨在加强学生上机实作技能训练，巩固学生对知识点的掌握，引导学生积极地自主学习和创新，做到融会贯通，寓教于乐。

本书内容按《中等职业学校 Office 办公软件教学大纲》组织，目的在于帮助师生检查该科知识的掌握情况，有的放矢加强练习，从实训中得到启发，巩固新知，从而达到灵活应用目的。每个实训包含目标和要求、能力目标、操作要点、4～6 套练习，每套练习中都有实训反馈和实训小结，每个实训的最后有实训报告，使教师能在学生的反馈中给予正确指导，使学生在不断总结中提高。每个实训所涉及的素材在重庆大学出版社的资源网站（www.cqup.com.cn，用户名和密码：cqup）上下载，练习时可随时调用。本书由长期从事该学科教学的教师参加编写，实训内容重难点突出，作业量和难度适合中职学生的专业教学。

《办公软件综合实训》在就业班高一下期开设，周课时 4～6 节，为参加全国高新技术等级考试打下坚实的基础，同时也为很好地适应行业需求奠定了基础。

本书主编钟静，参与编写的同志有娄瑜、刘俊华、何利、王隽、彭翠萍、祝楠、王琼英、汪胜淑，由钟静统一整理、修改，由钟勤审定。

因时间仓促，难免会有一些疏漏，望教学一线教师批评指正。

编 者

2010 年 6 月

目 录

Word 基础编排

目标和要求

- 熟悉 Word 窗口组成，启动与退出。
- 学会新建文档、保存文档、打开文档、关闭文档。
- 学会复制、移动文档内容的操作。
- 学会查找、替换的操作。
- 学会录入文档时的一些技巧性的操作，分清段落的概念。

能力目标

- 能规范地录入文档内容。
- 能规范地管理文件。
- 查找、替换操作的灵活运用。

操作要点

1. 复制操作

(1)使用鼠标右键的功能。其操作步骤如下：

①选定要复制的内容。

②单击鼠标右键选“复制”命令。

③定位。

④单击鼠标右键“粘贴”。

(2)使用快捷键的方法。其操作步骤如下：

①选定要复制的内容。

②Ctrl + C(复制)。

③定位。

④Ctrl + V(粘贴)。

(3)使用菜单的方法。其操作步骤如下：

①选定要复制的内容。

②选择“编辑”→“复制”命令。

③定位。

④选择“编辑”→“粘贴”命令。

(4)使用拖动的方法。其操作步骤如下:

①选定要复制的内容。

②鼠标指向被选部分,按住 Ctrl + 鼠标左键不放,拖曳至目标位置,先松开 Ctrl 再松开鼠标左键。

注:移动时不按任何键直接按住左键拖动。

(5)使用工具栏的方法。其操作步骤如下:

①选定要复制的内容。

②单击工具栏上的“ ”按钮。

③定位。

④单击工具栏上的“ ”按钮。

2. 移动操作

移动操作的方法与复制操作类同。

3. 替换操作

通过“编辑”→“替换”命令完成。

4. 录入文字内容

(1)录入完一段文字后再敲回车键。

(2)Backspace:删除光标前面的字符。

(3)Delete:删除光标后面的字符。

5. 符号的插入

通过选择“插入”→“符号”命令完成。

注意:一般在字体框中,选择“Webdings”、“Wingdings”、“ Wingdings 2”、“Wingdings 3”,即可找到所需的符号。

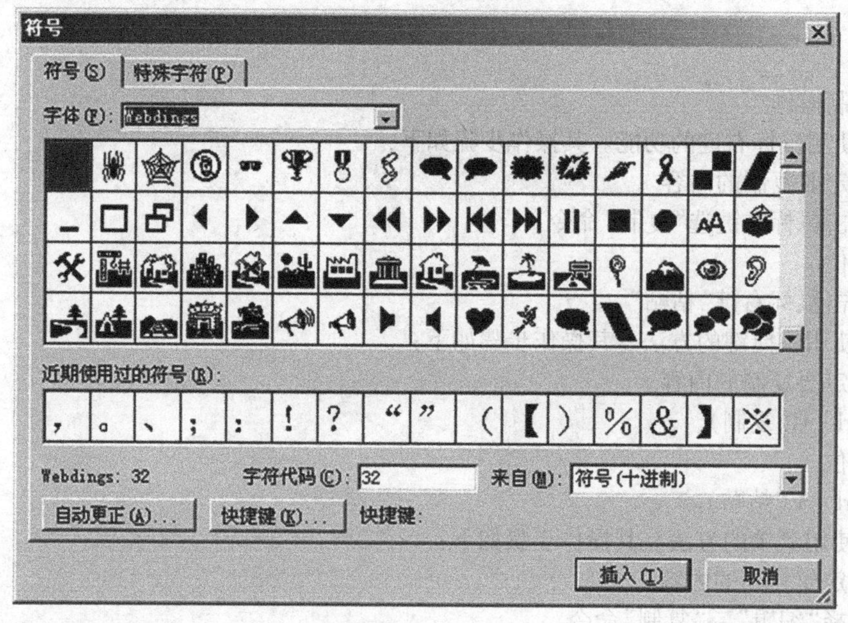

实训 1-1

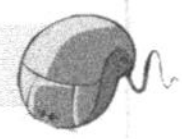

【操作向导】

(1)在 Word 下创建一个文档,保存在桌面上,文件名为"练习 1-1. doc"。

(2)将以下内容录入到"练习 1-1"中,注意标点符号和特殊符号的输入,并保存。

🗁青春是一杯香浓的咖啡，只有细细品尝，才能领悟到青春的味道；青春是一簇沁人心脾的鲜花，只有静静嗅闻，才能体会出青春的芬芳；青春是一首轻快的乐曲，只有陶醉其中，才能感受到青春的旋律。青春是那么美妙，它的旋律是那么优美，无论多么短促，多么易逝，而它却活力依然，美妙依然，智慧依然。🗀

🖫青春的旋律犹如莫扎特小夜曲般悠扬，婉转；青春是一生中最有活力的一段岁月，就像是一条小溪，流淌着，缓缓的，清澈见底，为生命带来一丝清凉。青春中，我们可以去做一切我们喜爱的事，用行动证明自己的存在。这所有的都是新的，漫飘，浪漫，思想也会因一次又一次的遐想，变得纯洁，变得成熟……🖂

【青春】如此『美妙』，而乐章总会结束，所以我们要珍惜它，珍惜它的分分秒秒，不让他轻易溜走，懂得怎样珍惜，这青春的旋律才会经久不息……

(3)将"实训 1"文件夹中的"1-1. doc"文件中的所有内容复制到"练习 1-1"文档的最后。

(4)将文中的第一段移动到文档的末尾并生成新的段落。

(5)将文中的"青春"变为"火热的青春"。

(6)将文件另存为"实训 1-1. doc",存在桌面上。

(7)在桌面上创建一个自己姓名的文件夹,将以上生成的文件放在自己姓名文件夹中,并提交给老师。

【实训反馈】(说明掌握的程度) 通过实验,我掌握了____________________ ______________________________ ________________________等知识点。 通过练习,我掌握了____________________ ______________________________ ________________________等操作技巧。

还有以下疑问：

【实训小结】(练习心得体会,自己写)

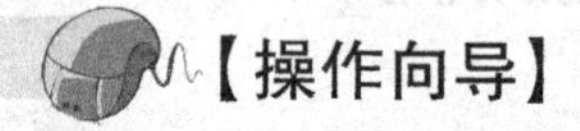

实训 1-2

【操作向导】

(1)在 Word 下创建一个文档,保存在桌面上,文件名为“练习 1-2. doc”。

(2)按以下内容录入到“练习 1-2”中,注意特殊符号的输入,并保存。

🙰没有听见房东家的狗的声音。现在园子里非常静。那棵不知名的五瓣的白色小花仍然寂寞地开着。阳光照在松枝和盆中的花树上，给那些绿叶涂上金黄色。天是晴朗的，我不用抬起眼睛就知道头上是晴空万里。✋

🕮我刚刚埋下头，又听见小鸟的叫声。我再看，桂树枝上立着一只青灰色的白头小鸟，昂起头得意地歌唱。屋顶的电灯线上，还有一树小鸟在吱吱喳喳地讲话。

我不了解这样的语言，但是我在小鸟的声音里听出了一种安闲的快乐。它们要告诉我的一定是它们的喜悦的感情，可惜我不能回答它们。我把手一挥，它们就飞走了。我的话不能使小鸟们留住，它们留给我一个园子的静寂。不过我知道它们过一阵又会回来的。🗗

(3)将文中的第二段移动到文档的最前面并生成新的段落。

(4)将文中的“小鸟”变为“鸟儿”,并加粗、倾斜。

(5)将文件另存为“实训 1-2. doc”,存在桌面上。

(6)在桌面上创建一个自己姓名的文件夹,将以上生成的文件放在自己姓名文件夹中,并提交给老师。

【实训反馈】(说明掌握的程度)

通过实验,我掌握了____

____

____等知识点。

通过练习,我掌握了____

____

____等操作技巧。

还有以下疑问:

【实训小结】(练习心得体会,自己写)

实训 1-3

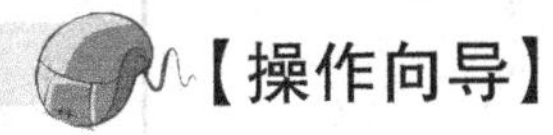

【操作向导】

(1)在 Word 下创建一个文档,保存在桌面上,文件名为“练习 1-3. doc”。

(2)按以下内容录入到“练习 1-3”中,注意标点符号、特殊符号的输入,并保存。

(3)将“实训 1”中“1-3 素材. doc”文件中绿色的文字复制到“练习 1-3”文档之前,将红色的文字复制到“练习 1-3”文档之后。

(4)将文中的第 3 段移动到文档的末尾,并生成新的段落。

(5)将文中的“燕子”变为“海燕”,并加粗、倾斜、添加双下划线。

(6)将文件另存为“实训 1-3. doc”,存在桌面上。

(7)在桌面上创建一个自己姓名的文件夹,将以上生成的文件放在自己姓名文件夹中,并提交给老师。

✎就在这时，我们的『小燕子』，二只，三只，四只，在海上出现了。它们仍是隽逸的从容的在海面上斜掠着，如在小湖面上一样；海水被它的似剪的尾与翼尖一打，也仍是涟漾了好几圈圆晕。小小的【燕子】，浩莽的大海，飞着飞着，不会觉得倦么？不会遇着暴风疾雨么？我们真替它们担心呢！✍

☺小燕子却从容的憩着了。它们展开了双翼，身子一落，落在海面上了，双翼如浮圈似的支持着体重，活是一只乌黑的小水禽，在随波上下的浮着，又安闲，又舒适。海是它们那么安好的家，我们真是想不到。在故乡，我们还会想象得到我们的小燕子是这样的一个海上英雄么？

海水仍是平贴无波，许多绝小绝小的海鱼，为我们的船所惊动，群向远处窜去；随了它们飞窜着，水面起了一条条的长痕，正如我们当孩子时之用瓦片打水在水面所划起的长痕。这小鱼是我们小燕子的粮食么？

【实训反馈】(说明掌握的程度)

通过实验,我掌握了____

____

____等知识点。

通过练习,我掌握了____

____

____等操作技巧。

还有以下疑问:

【实训小结】(练习心得体会,自己写)

实训 1-4

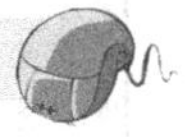

【操作向导】

(1)打开“实训 1”中“1-4 素材.doc”文件,按照样文进行编排。

样文如下:

雨，有时是会引起人一点淡淡的乡愁的。李商隐的《夜雨寄北》是为许多久客的游子而写的。我想念昆明的雨。

我想念昆明的雨。我以前不知道有所谓***潮湿的雨季***。“***潮湿的雨季***”，是到昆明以后才有了具体感受的。我不记得昆明的***潮湿的雨季***有多长，从几月到几月，好像是相当长的。但是并不使人厌烦。因为是下下停停、停停下下，不是连绵不断，下起来没完。而且并不使人气闷。我觉得昆明***潮湿的雨季***气压不低，人很舒服。

昆明的***潮湿的雨季***是明亮的、丰满的，使人动情的。城春草木深，孟夏草木长。昆明的***潮湿的雨季***，是浓绿的。草木的枝叶里的水分都到了饱和状态，显示出过分的、近于夸张的旺盛。

潮湿的雨季的果子，是杨梅。昆明的杨梅很大，有一个乒乓球那样大，颜色黑红黑红的，叫做“火炭梅”。这个名字起得真好，真是像一球烧得炽红的火炭！一点都不酸！***潮湿的雨季***的花是缅桂花。缅桂花即白兰花，北京叫做“把儿兰”(这个名字真不好听)。云南把这种花叫做缅桂花，可能最初这种花是从缅甸传入的，而花的香味又有点像桂花，其实这跟桂花实在没有什么关系。

(2)将文件另存为“实训 1-4.doc”,存在桌面上。

(3)在桌面上创建一个自己姓名的文件夹,将以上生成的文件放在自己姓名的文件夹中,并提交给老师。

【实训反馈】(说明掌握的程度)

通过实验,我掌握了______________________________

______________________________等知识点。

通过练习,我掌握了______________________________

______________________________等操作技巧。

还有以下疑问：

【实训小结】（练习心得体会，自己写）

实训 1-5

【操作向导】

(1)打开“实训 1”中“1-5 素材. doc”文件，按照样文进行编排。

样文如下：

➔我的心不禁一颤：多可爱的小生灵啊，对人无所求，给人的却是极好的东西。*勤劳的小蜜蜂*是在酿蜜，又是在酿造生活；不是为自己，而是在为人类酿造最甜的生活。*勤劳的小蜜蜂*是渺小的，*勤劳的小蜜蜂*却又多么高尚啊！

荔枝林深处有一个〖温泉公社〗的养蜂场，叫【养蜂大厦】。一走近『大厦』，只见成群结队的*勤劳的小蜜蜂*出出进进，飞去飞来，那沸沸扬扬的情景，会使你想：说不定*勤劳的小蜜蜂*也在赶着建设什么新生活呢。养蜂员老梁告诉我，*勤劳的小蜜蜂*这东西，最爱劳动。广东天气好，花又多，*勤劳的小蜜蜂*一年四季都不闲着。酿的蜜多，自己吃的可有限。每回割蜜，留下一点点，够它们吃的就行了。它们从来不争，也不计较什么，还是继续劳动，继续酿蜜，整日整月不辞辛苦……*勤劳的小蜜蜂*的蜂王可以活三年，一只工蜂最多能活六个月。*勤劳的小蜜蜂*是很懂事的，活到限数，自己便悄悄死在外边，再也不回来了。

▶花鸟草虫，凡是上得画的，那原物往往也叫人喜爱。*勤劳的小蜜蜂*是画家的爱物，我却总不大喜欢。从化的荔枝树多得像汪洋大海，开花时节，满野嘤嘤嗡嗡，忙得那*勤劳的小蜜蜂*忘记早晚，有时趁着月色还采花酿蜜。我不觉动了情，想去看看自己一向不大喜欢的*勤劳的小蜜蜂*。

(2)将文件另存为“实训 1-5. doc”,存在桌面上。

(3)在桌面上创建一个自己姓名的文件夹,将以上生成的文件放在自己姓名文件夹中,并提交给老师。

【实训反馈】(说明掌握的程度)

通过实验,我掌握了____

____

____等知识点。

通过练习,我掌握了____

____

____等操作技巧。

还有以下疑问:

【实训小结】(练习心得体会,自己写)

实训报告

<table>
<tr><td>实训项目</td><td>实训一 Word 基础编排</td><td rowspan="2">成绩</td><td rowspan="2"></td></tr>
<tr><td rowspan="2">实训时间</td><td>第 周 年 月 日</td></tr>
<tr><td>星期( )节次</td><td>批改教师</td><td></td></tr>
<tr><td>实训地点</td><td></td><td>批改时间</td><td></td></tr>
<tr><td colspan="4">根据所做实训,回答以下问题</td></tr>
<tr><td colspan="4">(1)启动 Word 2003,熟悉 Word 的工作环境。
写出你启动 Word 2003 的方法:

Word 2003 的菜单包括:________________________________。</td></tr>
</table>

如何隐藏和显示常用工具条和格式工具条？

仔细观察5种视图方式的区别是什么？默认下的视图方式是哪种？

(2)替换操作能够用在哪些方面？

快捷键记忆:中/英文切换______________ 中文输入法切换______________

全角/半角切换______________ 中/英文标点切换______________

写出输入“✋☑”的步骤：

写出“删除”操作的几种方法：

通过对以上内容的操作，你能说出“保存”与“另存为”的区别吗？

【实训反馈】(说明掌握的程度)

通过实验,我已掌握:

【实训小结】(实验心得体会,自己写)

格式化文档

目标和要求

- 学会设置字符的格式(字体、字号、字形、颜色、间距等)。
- 学会设置段落的格式(对齐方式、缩进、设置行间距与段间距等)。
- 学会设置边框和底纹(段落与字符的区别)。
- 学会设置项目符号和编号。
- 学会分栏的设置。
- 学会运用格式设置,规范文档的排版。

能力目标

1. 能够规范编排通知、计划、总结等简单文档。
2. 能规范制作、编排各种公文。

操作要点

格式设置:格式设置包含字符格式设置和段落格式设置。

- 字符格式设置:选择“格式”→“字体”命令,或单击右键选择“字体”命令,可进行字体、字号、字的颜色、粗体(B)、斜体(*I*)、下划线(U)、上下标的设置,字符的缩放、字符的间距、字符的提升下降,字符的动态效果的设置。

注意:系统默认的字体为宋体,字号为五号。

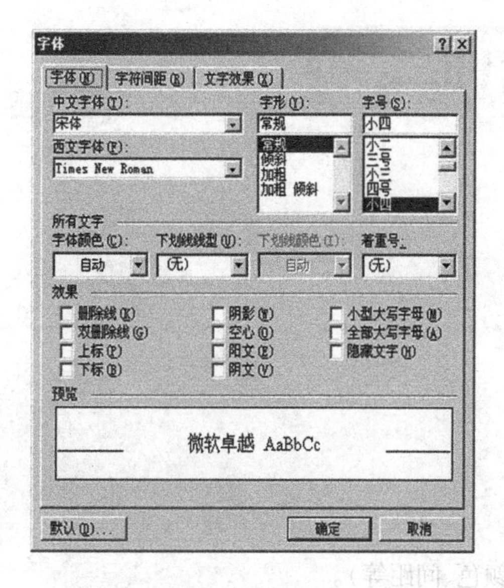

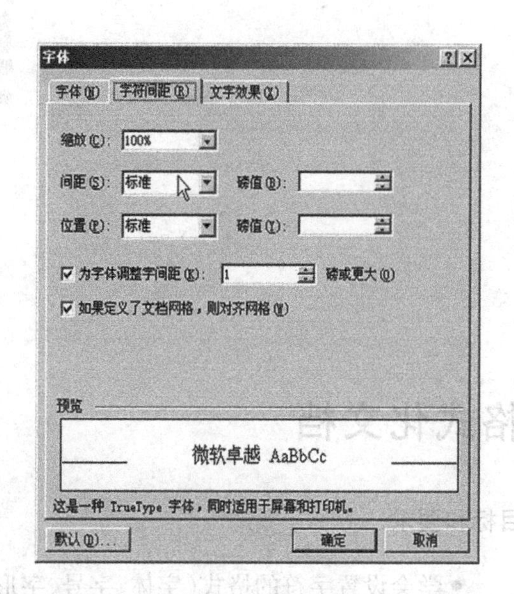

- 段落格式设置:选择“格式”→“段落”命令,或单击右键选“段落”命令。
- 对齐方式:左对齐、右对齐、居中对齐、两端对齐、分散对齐;缩进:左缩进、右缩进;特殊格式:首行缩进、悬挂缩进;段间距:段前、段后;行距等。

注意:系统默认的行距为单倍行距,左、右缩进为0,段前、段后为0。

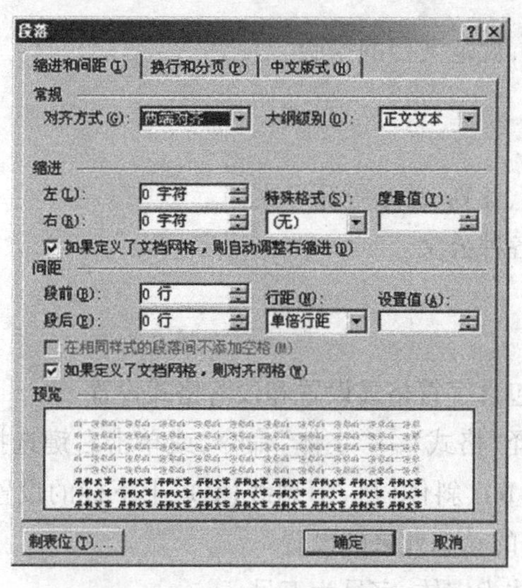

- 边框和底纹的设置:通过选择“格式”→“边框和底纹”命令完成。

注意:“文字”和“段落”边框和底纹的区别。

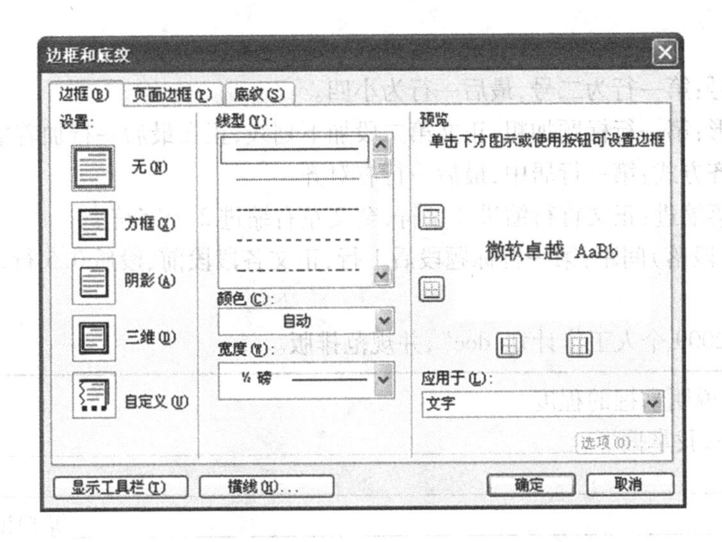

● 首字下沉的设置:通过选择“格式”→“首字下沉”命令完成。

● 中文版式的设置:中文版式中包含拼音指南、带圈字符、纵横混排、合并字符及双行合一。通过选择“格式”→“中文版式”命令完成。

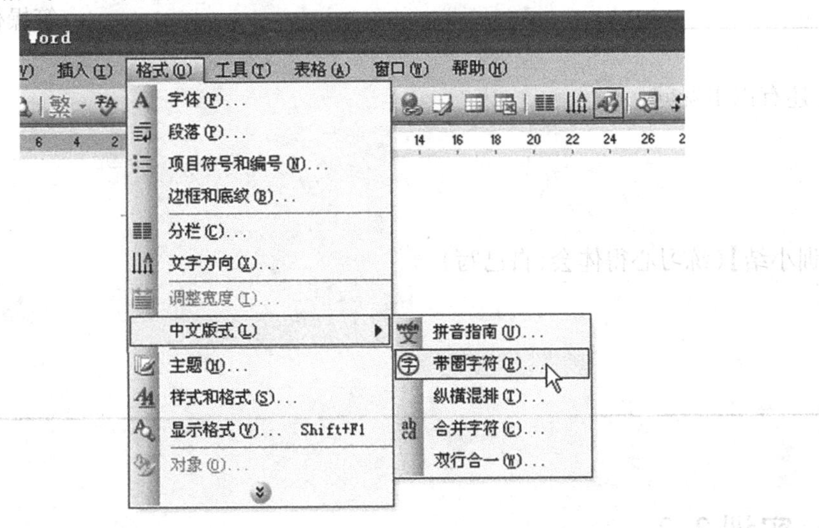

实训 2-1

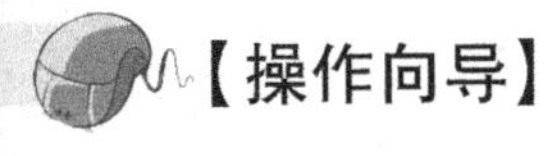

【操作向导】

(1)打开“2-11. doc”文件,按以下要求对文字内容进行编排:

①设置字体:第一行标题为黑体,正文第一段为仿宋,正文第三段为楷体,最后一行为华

文新魏。

②设置字号:第一行为二号,最后一行为小四。

③设置字形:第一行标题加粗,正文第二段加下划线,正文最后一行加着重号。

④设置对齐方式:第一行居中,最后一行右对齐。

⑤设置段落缩进:正文首行缩进2字符,全文左右缩进2个字符。

⑥设置行(段落)间距:第一行标题段后1行,正文各段段前、段后0.5行,正文行距为固定值20磅。

(2)打开“2009个人工作计划.doc”,并规范排版。

【实训反馈】(说明掌握的程度)

通过实验,我掌握了____

____

____等知识点。

通过练习,我掌握了____

____

____等操作技巧。

还有以下疑问:

【实训小结】(练习心得体会,自己写)

实训2-2

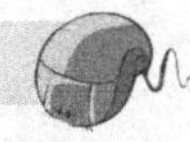

【操作向导】

(1)打开“2-2.doc”文件,进行以下设置:

①在文档开头输入标题“元宵节的传说”,设置为“隶书、二号、红色”。

②设置正文第一段为“仿宋、小四、加蓝色双下划线”。

③设置正文中所有“元宵节”变“正元节”并设置为倾斜、华文行楷。

④文中最后一句加着重号。

⑤正文第二段加字符底纹、加宽字间距为 2 磅。
⑥标题中“的”字符位置提升 3 磅。
⑦标题中“传说”字符缩放 200%。
⑧标题中“元宵节”字符设置空心效果。
⑨设置最后一段文字的动态效果为“礼花绽放”。
⑩标题行设置“居中对齐”。
⑪正文的所有段落设置“首行缩进”2 个字符。
⑫设置正文第一段行距为 1.5 倍，段前 1 行。
⑬设置最后一段左缩进 5 个字符，右缩进 5 个字符，行距固定 13 磅。
⑭保存后关闭文件。
(2)打开“通知.doc”文件，进行规范排版。

【实训反馈】(说明掌握的程度)

通过实验，我掌握了____
____
____等知识点。

通过练习，我掌握了____
____
____等操作技巧。

还有以下疑问：

【实训小结】(练习心得体会，自己写)

实训 2-3

【操作向导】

打开“实训 2”中“2-3.doc”文件，按照样文进行编排。注意字体、字号的辨认。
样文如下：

美丽花季

学校是一方净土，是学生的第一个家，十七八岁是生命怒放的年龄，我们需要平安来护航。只有校园里面平安了，我们才能走过一个毫无疑憾的花季。

首先，应动员全校师生来学习"平安"的含义。平安，它是从人在娘胎里就伴随了自己的一生，而校园的平安，不单单指的是师生们的人身安全和财产保障，它还涵盖了同学之间的和谐问题，老师之间的融洽问题，师生之间的心无隔阂问题。只有真正理解到了平安的真谛，我们才能够把建设"平安校园"问题落实到自身中去，为创建平安校园建立起坚定的信念。

还记得上个学期，我们去参加一个学校的校运会，当我去采访一个"800 米"长跑第一名的女孩时，她的回答，确实让我感到了一股前所未有的感动。"你可能不会相信，我原来跑步都是倒数第一、二名，但是今天，同学们呐喊的助威声和坚毅的眼神，让我忘了一切，像个插上翅膀的天使一样飞了起来。这个第一，不是我的，是属于我们班的"。看着她红扑扑的脸，我似乎看到她们班那五十六颗红心连在一起，为着班集体而共同呼吸。

首先，应动员全校师生来学习"平安"的含义。平安，它是从人在娘胎里就伴随了自己的一生，而校园的平安，不单单指的是师生们的人身安全和财产保障，它还涵盖了同学之间的和谐问题，老师之间的融洽问题，师生之间的心无隔阂问题。只有真正理解到了平安的真谛，我们才能够把建设"平安校园"问题落实到自身中去，为创建平安校园建立起坚定的信念。

【实训反馈】(说明掌握的程度)

通过实验，我掌握了________________________________等知识点。

通过练习，我掌握了________________________________等操作技巧。

还有以下疑问：

【实训小结】(练习心得体会,自己写)

实训 2-4

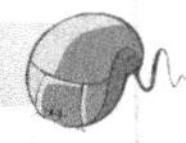

【操作向导】

打开"实训 2"中"2-4. doc"文件,按照样文进行编排。注意字体、字号的辨认。

样文如下:

"神舟"四号飞船成功返回

5日晚上,当"神舟"四号船只环绕地球运行107圈飞临南大西洋海域上空时,在那里待命的"远望三号"航天测量船向其发出了返回命令,船只随即建立返回姿态,返回舱与轨道舱分离,制动发动机点火,开始从太空向地球表面返回,船只进入距地面80公里的大气层后,以每秒约8公里的高速飞行,与大气层剧烈摩擦,返回舱表面产生等离子层,形成电磁屏蔽,与地面暂时中断了联系,船只刚飞出"黑障区",担负船只回收任务的西安卫星测控中心着陆场站及时发现了目标,之后,按照预定的程序,船只平稳地在内蒙古中部船只着陆场区内着陆,搜救人员对船只返回舱进行了回收。

记者昨天从上海航天局获悉,很可能让中国人实现"飞天梦"的"神舟"五号已在总装过程当中。出于安全考虑,"神舟"五号的发射将尽可能选择在今年温度适宜的季节,比如秋季。记者昨天从上海航天局获悉,很可能让中国人实现"飞天梦"的"神舟"五号已在总装过程当中。出于安全考虑,"神舟"五号的发射将尽可能选择在今年温度适宜的季节,比如秋季。

5日晚上,当"神舟"四号船只环绕地球运行107圈飞临南大西洋海域上空时,在那里待命的"远望三号"航天测量船向其发出了返回命令。船只随即建立返回姿态,返回舱与轨道舱分离,制动发动机点火,开始从太空向地球表面返回。船只进入距地面80公里的大气层后,以每秒约8公里的高速飞行,与大气层剧烈摩擦,返回舱表面产生等离子层,形成电磁屏蔽,与地面暂时中断了联系。船只刚飞出"黑障区",担负船只回收任务的西安卫星测控中心着陆场站及时发现了目标。之后,按照预定的程序,船只平稳地在内蒙古中部船只着陆场场区内着陆,搜救人员对船只返回舱进行了回收。

【实训反馈】(说明掌握的程度)

通过实验,我掌握了____等知识点。

通过练习,我掌握了____等操作技巧。

还有以下疑问:

【实训小结】(练习心得体会,自己写)

实训 2-5

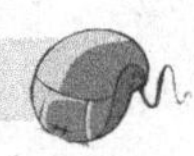

【操作向导】

打开“实训 2”的“2-5. doc”文件,按照样文进行编排。注意字体、字号的辨认。样文如下:

瞬间，为你动容

时间溜得真快，一点一点在远处堆积，我把着时间的尾巴却不敢拉扯，因为我知道，时间不属于某一个人，而应运于众生，就像上帝的手，拂过每一张脆弱的脸庞。伊甸园里欲望的蛇神，嗤笑嘲弄世人对于生命的计较。可是，蛇神并不了解人世间的复杂情感。

一直在思考，感情面前的坦白究竟是对是错。虽说谎言是对情感的亵渎，但是善意的谎言仿佛情感的盔甲，牢牢保护着感情下的男男女女们。

月圆，人团圆

“中秋月圆夜，人月两团圆。”这恐怕也是人生一大快事。然而，如此良辰美景，如此赏心乐事，几家可以？

天涯游子，浪迹天涯，“独在异乡为异客，每逢佳节倍思亲”。然而，远在他乡，关山几万重“纵有千般相思，万缕乡愁，谁能解语话片时”？唯有对月长吁，借酒消愁，高唱东坡《水调歌头 明月几时有》，再共李太白“举杯邀明月”，以慰心灵寂聊！只惜酒入愁肠更化作相思泪！

天涯游子尚能“但愿人长久，千里共婵娟”。可是，我呢？我那苦命的母亲呢？我们是生死长离，每一件熟悉的物品都引起我们深深的追忆。

天涯游子，浪迹天涯，“独在异乡为异客，每逢佳节倍思亲”。然而，远在他乡，关山几万重“纵有千般相思，万缕乡愁，谁能解语话片时”？唯有对月长吁，借酒消愁，高唱东坡《水调歌头 明月几时有》，再共李太白“举杯邀明月”，以慰心灵寂聊！只惜酒入愁肠更化作相思泪！

【实训反馈】(说明掌握的程度)

通过实验,我掌握了____等知识点。

通过练习,我掌握了____等操作技巧。

还有以下疑问：

【实训小结】(练习心得体会，自己写)

实训 2-6

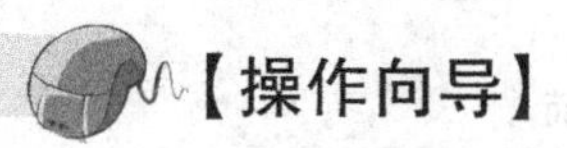

【操作向导】

(1)打开“实训2”的“2-6. doc”文件，按照样文进行编排。注意字体、字号的辨认。样文如下：

yóulái
植树节的由来

“植树节”是一些国家以法律形式规定的以宣传森林效益，并动员群众参加义务造林为活动内容的节日。通过这种活动，激发人们爱林、造林的感情，提高人们对森林功用的认识，促进国土绿化，达到爱林护林和扩大森林资源、改善生态环境的目的，为了动员全民植树而规定的节日。

我国曾于1915年由政府颁令规定清明节为植树节。

后来到了**1928**年的**4**月**7**日，民国政府颁布了植树令：将旧历清明植树节应改为总理逝世周年植树式。*民国政府之所以颁布这道令，是因为孙先生幼年就对"树艺牧畜"十分热爱的缘故。他在海外留学时，经常利用假期回故乡种植桑树。*

新中国成立以来，党和国家十分重视绿化建设。1979年2月23日，在第五届全国人大常委会第六次会议上，根据国务院提议，为动员全国各族人民植树造林，加快绿化祖国，决定每年3月12日为全国的植树节，以鼓励全国各族人民植树造林，绿化祖国，改善环境，造福子孙后代。

Word 文字处理
格 式 设 置 **版面**

(2)完成后请填写下表。

【实训反馈】(说明掌握的程度)

通过实验，我掌握了______________________________

____

______________________________等知识点。

通过练习，我掌握了______________________________

____

______________________________等操作技巧。

还有以下疑问：

【实训小结】(练习心得体会，自己写)

实训报告

<table>
<tr><td>实训项目</td><td>实训二　格式化文档</td><td rowspan="2">成绩</td><td rowspan="2"></td></tr>
<tr><td rowspan="2">实训时间</td><td>第　周　年　月　日</td></tr>
<tr><td>星期(　)节次</td><td>批改教师</td><td></td></tr>
<tr><td>实训地点</td><td></td><td>批改时间</td><td></td></tr>
<tr><td colspan="4">根据所做实训,回答以下问题</td></tr>
</table>

(1)字符的格式包括哪些内容?

(2)写出设置字符格式的方法:

Word 默认的字体是________;字号是________。

快捷键记忆:字符加粗________;字符倾斜________;字符加下划线________。

字体对话框中字符间距选项卡中包含几项内容:

(3)段落格式包括哪些内容?

段落的对齐方式有几种:

段落的缩进方式有哪些?方法有几种?它们的区别是什么?

请区别字间距、行间距、段间距：

(4)区别给文字加边框底纹和给段落加边框底纹。

(5)“分栏”设置如何操作，请写出步骤：

(6)区分“手动分栏”和“自动分栏”；“等分栏”和“不等分栏”。

(7)“中文版式”中对字符的修饰有哪些？

【实验反馈】(说明掌握的程度)

通过实验，我已掌握：

【实验小结】(实验心得体会，自己写)

版面综合练习

目标和要求

- 学会设置纸张大小和页面方向的方法。
- 学会插入图片及相关设置的操作。
- 学会艺术字相关操作。
- 学会绘制自选图形及设置。
- 学会文本框的使用。

能力目标

- 能够制作宣传页、海报、小报等。
- 能够制作试卷、编辑书稿等。

操作要点

- 页面设置:选择“文件”→“页面设置”命令。
- 艺术字:选择“插入”→“图片” →“艺术字”命令。
- 分栏:选择“格式”→“分栏”命令。
- 图片的插入:选择“插入”→“图片”→“来自文件”命令。
- 脚注和尾注:选择“插入”→“引用”→“脚注和尾注”命令。
- 页眉和页脚:选择“视图”→“页眉和页脚”命令。

实训 3-1

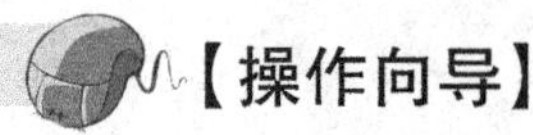

【操作向导】

(1)使用“实训 3”中“3-1”文件夹中的素材，打开“文字素材 3-1. doc”文件，按照样文编排版面。

样文如下：

温泉旅游·颐尚欢迎您

颐尚温泉

美丽的颐尚温泉位于美丽的北碚风景秀丽的嘉陵江观音峡畔，温泉日出水量达 8000 吨，是少有的自喷温泉。温泉水质优良，富含离子氧气，四周森林茂密、山泉甘甜、湖泊优美、四时花开、果蔬丰硕。

开发环境控制面积约 1500 亩、建设占地面积约 550 亩，总投资 10 亿，是集温泉养生、森林健身、特色餐饮、休闲度假于一体，蕴涵文化气息和时尚品味，是生活配套、设施齐全、国内一流的山地温泉小镇。

美丽的颐尚温泉一期投资 1.5 亿，占地约 100 亩，将建成以养生温泉、高档会所、特色餐饮、休闲度假、商务会议为一体的、依山傍水的天然温泉度假村。

颐尚温泉倾力打造独具特色的“六感”温泉，融合了“视”“听”“触”“嗅”“味”五种感官体验，并最终凝聚为“心”享，让你的心灵得到至尚回归，淡忘一切烦恼。这一刻，只有人与自热和谐同在。

品牌主张 3H

♦Health(健康)

颐尚温泉，身心健康的和谐统一

♦Happy(快乐)

邂逅养生颐尚，畅享快乐人生

♦Hobby(爱好)

当你神采飞扬，是因为温泉和养生已成为你的爱好

特色理念 3S

♦Service(服务)

传统水疗与温泉疗法相结合，更享尊崇服务体验，颐尚温泉给您全方位的健康服务

♦Space(空间)

茂密的山林掩映，泉水的滋润无处不在，为您营造既私密又纵情的舒适空间

♦Spirit(精神)

颐尚温泉的六感法则，让您全面内外兼修，达到身心合一的至高境界

品质主张 3H+特色理念 3S=您的品质生活 QL（Quality Life）

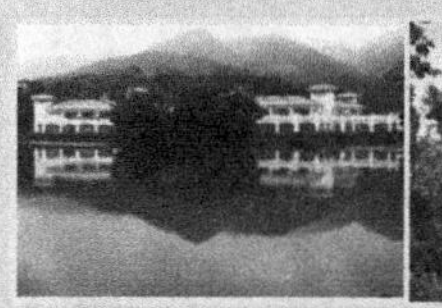  

第 1 页 共 1 页

(2)设置页面背景:单击"格式"→"背景",根据需要可选择单色、渐变色、纹理、图片、水印等。

(3)添加页眉、页脚:选择"视图"→"页眉和页脚"。

(4)改变页眉线型:全选页眉,选择"格式"→"边框和底纹"中修改下边框的线型即可。

(5)圆形中填充图片:绘制圆形,单击右键,选择"设置自选图形格式",填充中选择"填充效果"→"图片",在"线条"选项中修改线型、颜色。

(6)将文件另存为"实训 3-1. doc"。

(7)在桌面上创建一个自己姓名的文件夹,将以上生成的文件放在自己姓名的文件夹中,并提交给老师。

【实训反馈】(说明掌握的程度)

通过实验,我掌握了____等知识点。

通过练习,我掌握了____等操作技巧。

还有以下疑问:

【实训小结】(练习心得体会,自己写)

实训 3-2

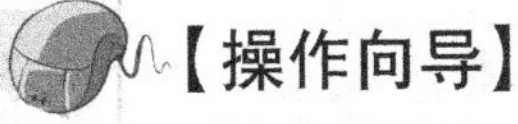

【操作向导】

(1)在 Word 下创建一个文档,保存在桌面上,文件名为"实训 3-2. doc"。

(2)使用"实训 3"中"3-2"文件夹中的素材,打开"文字素材 3-2. doc",按照样文编排版面。

(3)设置纸张大小:自定义:宽 16 cm,高 12 cm;页面方向:横向;边距:上下 3.17 cm,左右 2.54 cm。

(4)方框的大小、位置不希望编辑时改变,建议将其设置在页眉页脚中。

(5)在桌面上创建一个自己姓名的文件夹,将以上生成的文件放在自己姓名的文件夹中,并提交给老师。

样文如下:

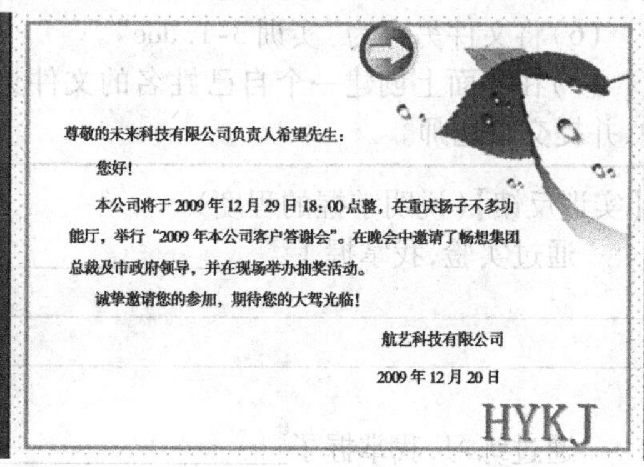

【实训反馈】(说明掌握的程度)

通过实验,我掌握了____等知识点。

通过练习,我掌握了____等操作技巧。

还有以下疑问:

【实训小结】(练习心得体会,自己写)

实训 3-3

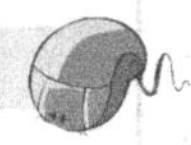

【操作向导】

(1)在 Word 下创建一个文档,保存在桌面上,文件名为“实训 3-3. doc”。

(2)使用“实训 3”中“3-3”文件夹中的素材,按照样文编排版面。

(3)绘制图形添加阴影:绘图工具栏中“阴影样式”选择“阴影样式 14”即可。

(4)在图形中添加文字:选中图形,单击右键,“添加文字”。(为了使文字和图形间位置更灵活,也可另加一个文本框存放文字)

(5)注意图形之间的叠放次序。选中图形,单击右键,“叠放次序”。

(6)添加页面边框:选择“格式”→“边框和底纹”→“页边框”即可。

(7)在桌面上创建一个自己姓名的文件夹,将以上生成的文件放在自己姓名的文件夹中,并提交给老师。

【实训反馈】(说明掌握的程度)

通过实验,我掌握了____等知识点。

通过练习,我掌握了____等操作技巧。

还有以下疑问:

【实训小结】(练习心得体会,自己写)

实训 3-4

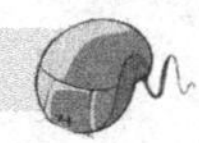

【操作向导】

(1)在 Word 下创建一个文档,保存在桌面上,文件名为“实训 3-4. doc”。

(2)使用“实训 3”中“3-4”文件夹中的素材,按照样文编排版面。

(3)按样张要求完成商品宣传海报的编辑。

(4)在桌面上创建一个自己姓名的文件夹,将以上生成的文件放在自己姓名的文件夹中,并提交给老师。

【实训反馈】(说明掌握的程度)

通过实验,我掌握了____

____

____等知识点。

通过练习,我掌握了____

____

____等操作技巧。

还有以下疑问:

【实训小结】(练习心得体会,自己写)

实训 3-5

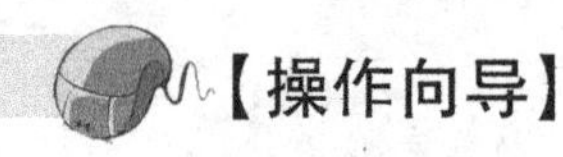【操作向导】

(1)在 Word 下创建一个文档,保存在桌面上,文件名为“实训 3-5. doc”。

(2)使用“实训 3”中“3-5”文件夹中的素材,按照样文编排版面。

样文如下:

糨糊报

月光暖地球

美国科学家认为，月光也能温暖地球，尽管不是很明显。据《俄罗斯报》报道说，美国的一个科学家小组经过考察计算后得出：满月时，月光使地面的平均温度升高零点零二摄氏度，但不均匀，两极升幅最大，为零点五摄氏度。科学家对满月时为何两极温度升幅最大尚未找到答案。

光阴缘何用寸计

人们常说：“寸金难买寸光阴。”那么，光阴为什么用寸来量呢？

原来古代的人们用“晷”来测算时间，在圆形石板上刻上度数，在圆心立一个小棍。由日出到日落，小棍的阴影由长而短，又由短而长地映在度数上，即标示着时间。“寸阴”即阴影缩短或延长一寸的距离，这段时间相当短暂。后来人们便用“寸金难买寸光阴”来劝大家珍惜时间。

温血恐龙？

美国古生物学家通过研究一具已有 6600 万年历史的恐龙化石，提出了恐龙是温血动物的新结论。

负责这一研究的美国北卡罗来纳州立大学科学家拉塞尔指出，此前的一些理论认为，恐龙更接近于冷血爬行动物。但是，拉塞尔等人发现恐龙心脏包括两个心房和两个心室，由此认为恐龙属于温血动物。

它有多古老？

假如你在森林里漫步时发现了一个考古学家称之为尖状物的物品，你脑海中冒出的第一个问题也许会是：“它存在多久了？”

考古学家也一样，如果能发现一件文物有几百年或者几千年的历史，那当然是一件令人兴奋的事。但重要的是要知道这件文物的确切年代。和侦探一样，考古学家也有一套不同的方法揭开历史的神秘面纱。

相对定年法　分析不同深度的出土文物，越深的文物越早，但不能的出文物或遗址的确切年代。

风格定年法　比较不同文物的种类和设计，比较哪个文物最早，但不能了解文物遗址的确切年代

树木年轮定年法　能得出一些树木或是木制品的年代，但无法了解树木在被埋之前用了多少年，且热带地区效果不佳。

音乐与健康

西方科学家经过了大量研究和实验后证实，某些乐曲确实具有显著的疗效。例如，浪漫的舒伯特、肖邦能使人消除紧张，有助于集中精力，进入遐想和沉思状态。爵士乐则能振奋精神，消除肌肉和神经紧张。宗教音乐能使人恢复心灵平衡，仿佛是止痛剂。

音乐是最好的心理治疗“医师”。当人们在委婉动听的轻音乐声中入睡，会沉浸于美好的梦境。音乐能缓和会议时紧张的气氛。在上个世纪，一座修道院的女修道曾利用莫扎特的音乐作品提高了牛奶的产奶量。

在音乐中可以找到一切，既有镇定、能量，又有健康。

尘埃对人体未必有害

新的研究进一步发现证实了尘埃对人体并不是完全有害。英国研究人员最近发现在进食过程中有机会接触细菌尘埃的儿童不大容易得过敏症和气喘病。科学家的理论是这样的：现代人的饮食环境和生活方式越来越卫生，这使得儿童接触能刺激人体免疫系统的细菌的机会也越来越少，所以，他们的免疫能力也就随之降低。

研究者建议家长，别把孩子弄过分干净，当然，也不能太不讲卫生。

几乎没有大脑的人

在英国北部有一位学数学的学生，他的智力商数很高，成绩优异。可是他几乎没有大脑。由于一个偶然的机会，谢菲尔德大学一位神经科教授借助一台 CT 为他进行扫描检查。结果，教授十分惊讶地发现，他的大脑皮层的厚度只有 1 毫米，而正常人的大脑皮层厚度却有 4.5 毫米。以前，专家们认为，对有生命的物体来说，他的大脑发达程度是与脑子的大小有关的；而这一发现对上述观点提出了异议。在这个被检查头颅中，由于大脑皮层过薄，造成了一个空间，但在这个"空间"里充满了脑脊液。

编辑人员
建兰中学
高一(4)班
第七小组

(3)页面设置:A4,纵向,四周边距为 0。

(4)本练习中大量使用文本框,文本框有横排、竖排之分,选择时根据样张进行。

(5)在桌面上创建一个自己姓名的文件夹,将以上生成的文件放在自己姓名的文件夹中,并提交给老师。

【实训反馈】(说明掌握的程度)

通过实验,我掌握了____等知识点。

通过练习,我掌握了____等操作技巧。

还有以下疑问:

【实训小结】(练习心得体会,自己写)

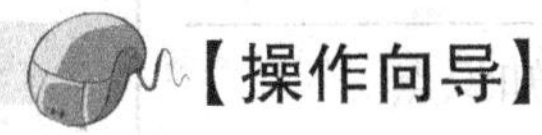

实训 3-6

【操作向导】

(1)在 Word 下创建一个文档,保存在桌面上,文件名为"实训 3-6. doc"。

(2)使用"实训 3"中"3-6"文件夹中的素材,按照样文编排版面。

(3)页面设置:A4,纵向,四周边距为 0。

(4)本练习中大量使用文本框,文本框有横排、竖排之分,选择时根据样张进行。

(5)在桌面上创建一个自己姓名的文件夹,将以上生成的文件放在自己姓名的文件夹中,并提交给老师。

样文如下:

今日重庆

花落重庆

"全球制造网不仅仅体现在其 Focus(专注)，还表现在'主动'性上，"吴限补充到。全球制造网将改变现实电子商务交易中，一方被动接收信息的局面，进而采用"主动"出击、线上线下互动交流的方式，做到"7x24"管家式的服务。

"而要从被动变成主动，光靠全球制造网显然不够。"吴限说，"必须借助与政府、第三方机构等上下游合作伙伴，才能实现与用户实时互动。比如通过手机短信、电子邮件、移动商务等方式反馈供需信息。"笔者看到，在全球制造网拟定的合作计划中，既有信息产业局、中小企业局、商务局等政府部门；I2、BEA 等电子商务解决方案供应商；还有联邦快递、UPS、宝供物流等著名物流机构及中国移动、联通等运营商。全球制造网希望通过整合的平台，打造一个适宜制造企业生存的良好"生态环境"。权威专家认为，全球制造网所倡导的第二代 B2B 电子商务新模式，其成功关键在于变被动为主动、提供管家服务、与众多合作伙伴协作，而非仅仅靠其自身的力量。吴限指出，在这方面，全球制造网已制定出一套完整科学的合作方案。目前，正在按照预定计划紧锣密鼓地实施中，且已经谈定了几家合作伙伴。

技术至上

对于一家靠互联网运营的公司，技术的重要性是不言而喻的，2004年11月20日-11月23日，全球制造网在重庆新华宾馆举办首届技术研讨会，特意邀请到美国著名 Java 资深专家 Robert 和重庆著名 Java 培训师何平为公司做了为期3天的主题技术演讲。全球制造网首席技术官王璽钢告诉记者『全球球、造网采用了"Java+Linux+Oracle"的架构，这是目前全球电子商务平台最领先的技术。据悉，这款 IM 与常见的 Tencent QQ 和 Microsoft MSN 的部分功能类似，但是全球制造网的 IM 又有其独特的功能，比如用户不需要在客户端下载，可根据用户喜好定制等等，这就意味着全球制造网必须在一年内完成10%的市场占有率。

资本运作

明年3月1日，全球制造网将正式运营，根据计划，在他们将在一年后实现盈利，用户数量达到5万而来自重庆市中小企业局的数据显示，重庆目前有中小企业大约 50 万家左右，这就意味着全球制造网必须在一年内完成 10%的市场占有率。

全球制造网的具体收费标准还没有最后确定，不过，可以推算，如果按照每家企业 1000 元/年的最低标准收费，10%的市场占有率；难怪国内外众多风险投资机构在全球制造网运作的早期就予并频频伸出橄榄枝了！

【实训反馈】(说明掌握的程度)

通过实验，我掌握了____等知识点。

通过练习，我掌握了____等操作技巧。

还有以下疑问：

【实训小结】(练习心得体会,自己写)

实训报告

<table>
<tr><td>实训项目</td><td>实训三　版面综合练习</td><td rowspan="2">成绩</td><td rowspan="2"></td></tr>
<tr><td rowspan="2">实训时间</td><td>第　周　年　月　日</td></tr>
<tr><td>星期(　)节次</td><td>批改教师</td><td></td></tr>
<tr><td>实训地点</td><td></td><td>批改时间</td><td></td></tr>
<tr><td colspan="4">根据所做实训,回答以下问题</td></tr>
</table>

(1)图片环绕方式有以下几种:

(2)绘制标题中的图形。

绘制正方形应按住________键。

绘制正圆形应按住________键。

写出旋转图形的方法:

(3)如何添加标题艺术字,调整形状、大小、位置?

写出操作步骤:

(4)如何绘制文本框,如何调整大小、位置,以及边框填充颜色和更改边框线颜色?

写出操作步骤:

(5)文本框的作用？如何使用？

【实训反馈】(说明掌握的程度)

通过实验,我已掌握:

【实训小结】(实验心得体会,自己写)

表格的制作

目标和要求

- 学会创建表格的多种方法。
- 正确理解“行、列、单元格、表头”等名词术语。
- 掌握在表格中行、列及单元格的插入、删除、移动、复制的操作方法。
- 熟练掌握行高、列宽的调整方法。
- 熟练掌握单元格的合并和拆分。
- 能熟练地对表格进行相应的边框和底纹设置。
- 学会制作表格时的一些技巧性的操作，并能灵活应用所学知识。

能力目标

能够制作和编排各类表格。

操作要点

1. 表格的创建

表格的创建方法有以下两种：

(1) 使用菜单命令建立表格。首先，将光标定位在要插入表格的位置；然后单击“表格”→“插入表格”命令，在弹出的对话框中选择行数和列数。

(2) 制作简单的表格。单击常用工具栏的“插入表格”按钮，用鼠标拖动以确定行、列数。

2. 行、列、单元格、表格的选定

- 选定行：鼠标移至表格的最左端，变成时单击或拖动鼠标，可选一行或多行。
- 选定列：鼠标移至表格的顶端，变成⬇时单击或拖动鼠标，可选一列或多列。
- 选定单元格：鼠标移至单元格的左端，变成时单击或拖动鼠标，可选一个或多个单元格。

插入表格
表格尺寸
列数(C): 7
行数(R): 4
"自动调整"操作
固定列宽(W): 自动
根据内容调整表格(F)
根据窗口调整表格(D)
表格样式:网格型 自动套用格式(A)...
为新表格记忆此尺寸(S)
确定 取消

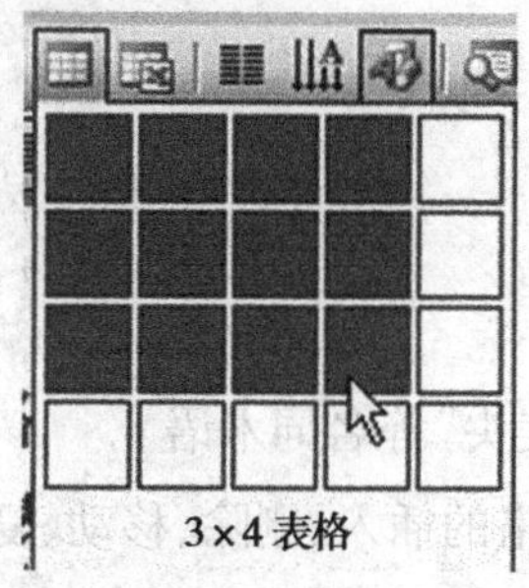

- 选定整个表格:鼠标单击表格左上端的⊞。

3. 调整表格的行高与列宽

常见的表格的行高与列宽的调整方法有以下 3 种:

(1)在行(或列)的分界线上,鼠标指针变成÷(或+||+)时,拖动到合适位置。

(2)鼠标指针移至列线,变成+||+时双击,则可根据内容进行调整。

(3)选定表格,单击鼠标右键,选择表格属性,在出现的对话框进行复设置。

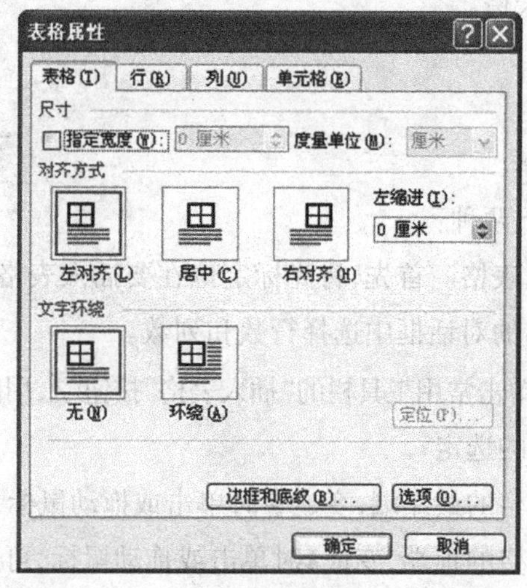

4. 改变整个表格的大小

方法:将鼠标移向表格的右下角,当指标变成↘时拖动鼠标以改变表格的大小。

5. 单元格的格式设置

字符与段落的格式设置与之前所学的操作相同。

单元格对齐方式：单击表格和边框工具栏的　　。

6. 单元格的合并与拆分

• 合并：首先选定要合并的单元格，然后单击表格和边框工具栏上的“合并单元格”按钮（或单击鼠标右键，选择“合并单元格”命令）。

• 拆分：首先选定要拆分的单元格，然后单击表格和边框工具栏上的“拆分单元格”按钮（或单击鼠标右键，选择“拆分单元格”命令，在出现的对话框中输入将被拆分成的行和列的数目）。

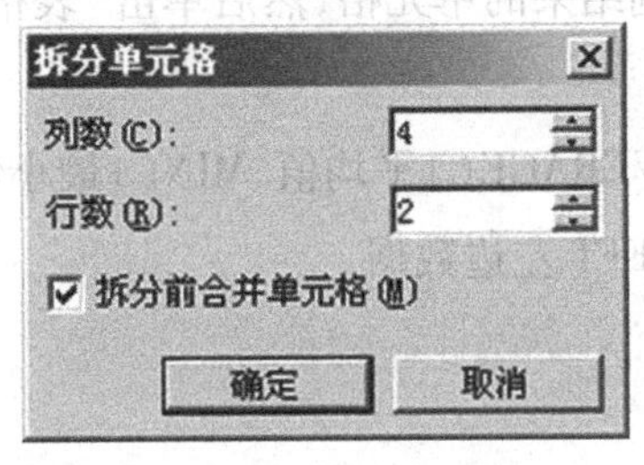

注：利用按钮应先调出“表格和边框”工具栏。

7. 行、列的插入与删除

• 插入行：选定行，单击鼠标右键，选择“插入行”命令，在选定行的前面插入行。

• 删除行：选定要删除的行，单击鼠标右键，选择“删除行”命令。

• 列的插入与删除与行的操作一致。

8. 表格的边框和底纹

方法1：选定表（或要改变设置的单元格），单击鼠标右键，选择“边框和底纹”命令，在弹出的对话框中进行设置（与文字和段落边框和底纹添加方法相同）。

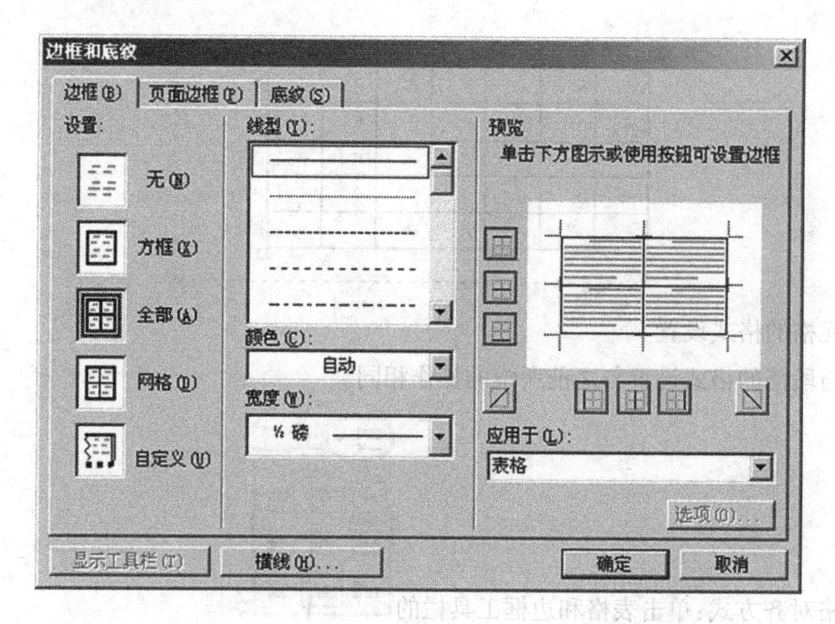

方法2:选定要改变设置的单元格或行、列利用表格和边框工具栏进行设置。

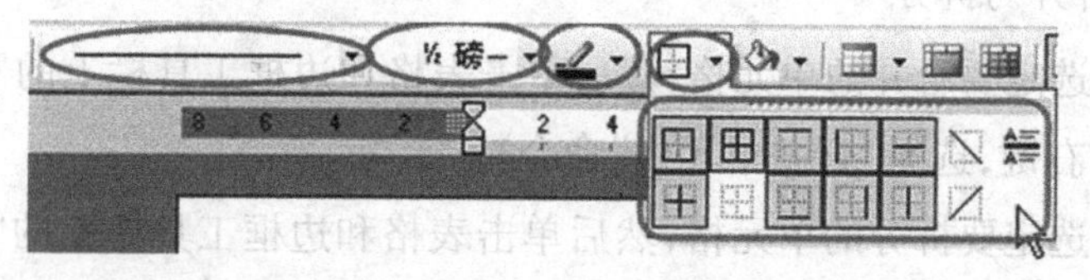

9. 表格中的公式计算

方法:首先定位光标在得到结果的单元格,然后单击"表格"→"公式",在弹出的对话框中选择函数和计算参数。

常用函数:SUM()求和、AVERAGE()平均值、MIN()最小值、MAX()最大值。

参数:ABOVE 上方数据、LEFT 左边数据。

实训 4-1

【操作向导】

(1)在 Word 下创建一个文档,保存在桌面上,文件名为"实训 4-1. doc"。

(2)在文档中制作下表:

××商场手机第一季度销售计划表

型号＼月份	1 月份	2 月份	3 月份	4 月份
W707	1 095	2 689	2 597	
U100	308	680	591	
⋮	⋮	⋮	⋮	⋮
X2	594	751	568	
T715	453	532	660	

(3)将表格中“4 月份”一列删除。

(4)将表格中“2 月份”和“3 月份”两列的位置交换。

(5)删除表格中的空行。

(6)调整第一列的列宽和第一行的行高(与样文一致)。

(7)在表格最后增加一行“备注”。

(8)按样文的格式进行相应设置。

(9)在桌面上创建一个自己姓名的文件夹,将以上生成的文件放在自己姓名文件夹中,并提交给老师。

【实训反馈】(说明掌握的程度)

通过实验,我掌握了____________________

____

____________________等知识点。

通过练习,我掌握了____________________

____

____________________等操作技巧。

还有以下疑问:

【实训小结】(练习心得体会,自己写)

实训 4-2

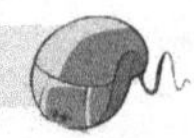

【操作向导】

(1)在 Word 下创建一个文档,保存在桌面上,文件名为“实训 4-2. doc”。

(2)在文档中制作下表(提示:在创建表格时请注意行列数的设置)。

教材征订单

<table>
<tr><td>编号</td><td>教材名称</td><td>定价(元)</td><td>册数</td><td>金额(元)</td><td>备注</td></tr>
<tr><td>01</td><td></td><td></td><td></td><td></td><td rowspan="3"></td></tr>
<tr><td>02</td><td></td><td></td><td></td><td></td></tr>
<tr><td>03</td><td></td><td></td><td></td><td></td></tr>
<tr><td>合计金额</td><td colspan="3">(大写) 万 仟 佰 拾 元 角 分</td><td colspan="2">(小写) 元</td></tr>
<tr><td>订书单位</td><td></td><td>邮编</td><td></td><td>联系人</td><td></td></tr>
<tr><td>详细地址</td><td colspan="3"></td><td>电话</td><td></td></tr>
</table>

(3)按样文的格式进行相应设置(提示:注意表线的变化和位置的调整)。

(4)在桌面上创建一个自己姓名的文件夹,将以上生成的文件放在自己姓名的文件夹中,并提交给老师。

【实训反馈】(说明掌握的程度)

通过实验,我掌握了______________________________

____

____等知识点。

通过练习,我掌握了______________________________

____

____等操作技巧。

还有以下疑问:

【实训小结】(练习心得体会,自己写)

实训 4-3

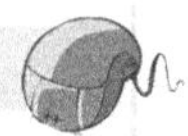

【操作向导】

(1)在 Word 下创建一个文档,保存在桌面上,文件名为“实训 4-3. doc”。

(2)在文档中制作下表(提示:注意页面为 A4,边距的设置,请参照样文判断)。

样文如下:

广播电视大学毕业班评优推荐表

分校、工作站:____________　　　　　　　　　　报表日期:

<table>
<tr><td rowspan="3">先进班级体</td><td>班名称</td><td colspan="5"></td><td colspan="3">最后学期在册人数</td><td colspan="2"></td></tr>
<tr><td>班平均成绩</td><td>1 期</td><td>2 期</td><td>3 期</td><td>4 期</td><td>5 期</td><td colspan="5">违犯校纪考纪人数</td></tr>
<tr><td></td><td></td><td></td><td></td><td></td><td></td><td colspan="5"></td></tr>
<tr><td rowspan="2">教师班主任栏</td><td>姓名</td><td colspan="2"></td><td>性别</td><td></td><td>年龄</td><td></td><td colspan="3">拟推荐为</td><td></td></tr>
<tr><td>班名称</td><td colspan="4"></td><td colspan="3">辅导专业课程</td><td colspan="3"></td></tr>
<tr><td rowspan="4">推荐优秀或优良毕业生</td><td>姓名</td><td colspan="2"></td><td>性别</td><td></td><td>年龄</td><td></td><td colspan="3">学习形式</td><td></td></tr>
<tr><td>学号</td><td colspan="2"></td><td colspan="3">教学班及专业</td><td colspan="5"></td></tr>
<tr><td rowspan="2">拟推荐为五期期末正考平均成绩</td><td>1 期</td><td>2 期</td><td>3 期</td><td>4 期</td><td>5 期</td><td colspan="5">前五学期总评成绩</td></tr>
<tr><td></td><td></td><td></td><td></td><td></td><td colspan="5"></td></tr>
<tr><td>填表说明</td><td colspan="11">1. 被推荐的集体和个人需此表和先进材料一式两份。先进事迹填在表内空白处,不另附材料。
2. 各类被推荐请在相应栏内填写。
3. “教师及班主任栏”内的“拟推荐为”一项请注明教师或班主任教育工作者。
4. 先进事迹应真实详细,各类材料字数不得少于 1 500 字。
5. 优秀学生栏中学号必须写清楚,否则不参评。</td></tr>
<tr><td>分校或工作站意见</td><td colspan="5">年　年　日</td><td>市电大审批意见</td><td colspan="5">年　年　日</td></tr>
</table>

(3)按样文的格式进行相应设置(提示:注意表线的变化和位置的调整)。

(4)在桌面上创建一个自己姓名的文件夹,将以上生成的文件放在自己姓名的文件夹中,并提交给老师。

【实训反馈】(说明掌握的程度)

通过实验,我掌握了____

____

____等知识点。

通过练习,我掌握了____

____

____等操作技巧。

还有以下疑问:

【实训小结】(练习心得体会,自己写)

实训 4-4

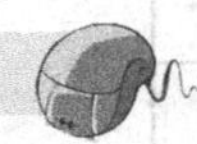

【操作向导】

(1)在 Word 下创建一个文档,保存在桌面上,文件名为"实训 4-4. doc"。

(2)在文档中制作下表(提示:页面为 A4,边距的设置请参照样文判断)。

样文如下:

毕业生就业推荐表

<table>
<tr><td>专业部</td><td></td><td>专业</td><td></td><td>学制</td><td></td><td>学号</td><td></td></tr>
<tr><td>姓名</td><td></td><td>性别</td><td></td><td>身高</td><td></td><td>出生年月</td><td></td></tr>
<tr><td>民族</td><td></td><td>政治面貌</td><td colspan="4"></td><td rowspan="3">照片</td></tr>
<tr><td>曾任职务</td><td></td><td>身体状况</td><td colspan="4"></td></tr>
<tr><td>联系电话</td><td></td><td>特长爱好</td><td colspan="4"></td></tr>
</table>

续表

家庭主要成员	称谓	姓名	所在工作(学习)单位及任职	联系电话
	父亲			
	母亲			
在校期间参加培训情况				
获证及获奖情况				
专业部推荐意见				

(3)按样文的格式进行相应设置(提示:注意行高列宽的调整)。

(4)在桌面上创建一个自己姓名的文件夹,将以上生成的文件放在自己姓名的文件夹中,并提交给老师。

【实训反馈】(说明掌握的程度)

通过实验,我掌握了____

____

____等知识点。

通过练习,我掌握了____

____

____等操作技巧。

还有以下疑问:

【实训小结】(练习心得体会,自己写)

实训 4-5

【操作向导】

(1)在 Word 下创建一个文档,保存在桌面上,文件名为“实训 4-5. doc”。

(2)在文档中制作下表(提示:注意页面的方向,边距的设置请参照样文判断)。

样文如下:

××市农村劳动力转移培训学员登记卡

<table>
<tr><td>姓名</td><td></td><td>性别</td><td></td><td>出生年月</td><td></td><td>民族</td><td></td><td rowspan="4">照片</td></tr>
<tr><td colspan="2">身份证号</td><td colspan="2"></td><td>政治面貌</td><td></td><td>文化程度</td><td></td></tr>
<tr><td colspan="2">家庭住址</td><td colspan="6"></td></tr>
<tr><td colspan="2">邮政编码</td><td></td><td colspan="2">联系电话</td><td colspan="3"></td></tr>
<tr><td colspan="2">培训费用</td><td colspan="2">元</td><td colspan="4">学员实际缴纳培训费用</td><td>元</td></tr>
<tr><td colspan="2" rowspan="2">培训专业</td><td colspan="3" rowspan="2">集中培训时间
(年 月 日— 年 月 日)</td><td colspan="2">参加学习课时</td><td colspan="2">成绩</td></tr>
<tr><td>理论课</td><td>实践课</td><td>考试</td><td>考核</td></tr>
<tr><td colspan="2"></td><td colspan="3"></td><td></td><td></td><td></td><td></td></tr>
<tr><td rowspan="7">培训科目</td><td></td><td colspan="3"></td><td></td><td></td><td></td><td></td></tr>
<tr><td></td><td colspan="3"></td><td></td><td></td><td></td><td></td></tr>
<tr><td></td><td colspan="3"></td><td></td><td></td><td></td><td></td></tr>
<tr><td></td><td colspan="3"></td><td></td><td></td><td></td><td></td></tr>
<tr><td></td><td colspan="3"></td><td></td><td></td><td></td><td></td></tr>
<tr><td></td><td colspan="3"></td><td></td><td></td><td></td><td></td></tr>
<tr><td></td><td colspan="3"></td><td></td><td></td><td></td><td></td></tr>
<tr><td colspan="2">结业证书号</td><td colspan="3"></td><td colspan="2">技能鉴定证书号</td><td colspan="2">是否重庆师傅</td></tr>
</table>

续表

<table>
<tr><td colspan="3">培训机构意见

负责人签定：　　　　公章　　　　年　月　日</td></tr>
<tr><td colspan="2">学员就业单位及从业状况</td><td rowspan="3">身份证复印件</td></tr>
<tr><td colspan="2"></td></tr>
<tr><td>就业联系电话</td><td></td></tr>
</table>

(3)按样文的格式进行相应设置(提示:注意表线的变化和位置的调整)。

(4)在桌面上创建一个自己姓名的文件夹,将以上生成的文件放在自己姓名的文件夹中,并提交给老师。

【实训反馈】(说明掌握的程度)

通过实验,我掌握了____

____

____等知识点。

通过练习,我掌握了____

____

____等操作技巧。

还有以下疑问:

【实训小结】(练习心得体会,自己写)

实训报告

<table>
<tr><td>实训项目</td><td>实训四　表格的制作</td><td rowspan="2">成绩</td><td rowspan="2"></td></tr>
<tr><td rowspan="2">实训时间</td><td>第　周　年　月　日</td></tr>
<tr><td>星期(　)节次</td><td>批改教师</td><td></td></tr>
<tr><td>实训地点</td><td></td><td>批改时间</td><td></td></tr>
<tr><td colspan="4">根据所做实训,回答以下问题</td></tr>
</table>

(1)熟悉表格菜单和表格工具栏的命令项。

表格菜单包括的命令项:

如何显示“表格和边框”工具栏?

操作方法:

“表格和边框”工具栏上的命令按钮有:

(2)制作一张5行4列的表格。

请写出你的操作步骤(要求两种方法):

方法1:

方法2:

(3)“表格属性”对话框中有哪些功能?

(4)表格自动套用格式如何使用?

(5)“转换”的作用。

【实训反馈】(说明掌握的程度)

通过实验,我已掌握:

【实训小结】(实验心得体会,自己写)

Word 综合练习

目标和要求

- 学会对样文的观察，先录入该录入的内容，再进行编排设置。
- 学会对整体版面的灵活设置。
- 学会对字符、段落格式的灵活设置。
- 学会一些技巧性的操作，并能灵活应用所学知识。

能力目标

能够灵活处理各类文档并规范打印出来，装订成册。

实训 5-1

【操作向导】

(1)在指定位置打开“实训 5”中的“5-1”文件夹，将其复制在桌面。该文件夹包含排版中所要用到的图片及文字和排版后的效果图。

(2)根据提供的书面样稿和效果图进行操作，排版页面为 A4。

样文如下：

综合版面。

国家体育场位于北京奥林匹克公园中心区南部，为 2008 年第 29 届奥林匹克运动会的主体育场。工程总占地面积 21 公顷，建筑面积 258,000㎡。场内观众坐席约为 91000 个，其中临时坐席约 11000 个。将举行奥运会、残奥会开闭幕式、田径比赛及足球比赛决赛。奥运会后将成为北京市民广泛参与体育活动及享受体育娱乐的大型专业场所，并成为具有地标性的体育建筑和奥运遗产。

国家体育场工程为特级体育建筑，主体结构设计使用年限 100 年，耐火等级为一级，抗震设防烈度 8 度，地下工程防水等级 1 级。**工程主体建筑呈空间马鞍椭圆形，南北长 333 米、东西宽 294 米、高 69 米。**

主体钢结构形成整体的巨型空间马鞍形钢桁架编织式“鸟巢”结构，钢结构总用钢量为 4.2 万吨，混凝土看台分为上、中、下三层，看台混凝土结构为地下 1 层，地上 7 层的钢筋混凝土框架-剪力墙结构体系。钢结构与混凝土看台上部完全脱开，互不相连，形式上呈相互围合，基础则坐在一个相连的基础底板上。国家体育场屋顶钢结构上覆盖了双层膜结构，即固定于钢结构上弦之间的透明的上层 ETFE 膜和固定于钢结构下弦之下及内环侧壁的半透明的下层 PTFE 声学吊顶。

场馆名称	国家体育场
地点	奥林匹克公园
场地类型	新建比赛场馆
奥运会期间的用途	开闭幕式、田径、男子足球
残奥会期间的用途	开闭幕式、田径
建筑面积（万 M²）	25.8
固定座位数	80000 个
临时座位数	11000 个
建设开工时间	2003 年 12 月 24 日
计划完工时间	2008 年 3 月
赛后功能	将用于国际国内体育比赛和文化、娱乐活动

国家体育场介绍
National Stadium

姓名：　　　　班级：

(3)学生根据提供的素材按样文进行编排,只能运用 Word 中的功能。

(4)在桌面上创建一个自己姓名的文件夹,将以上生成的文件命名为“实训 5-1”放在自己姓名的文件夹中,并提交给老师。

【实训反馈】(说明掌握的程度)

通过实验,我掌握了____

____等知识点。

通过练习,我掌握了____

____等操作技巧。

还有以下疑问:

【实训小结】(练习心得体会,自己写)

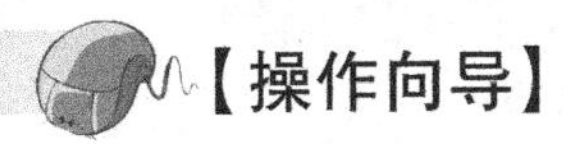

实训 5-2

【操作向导】

(1)在指定位置打开“实训 5”中“5-2”文件夹,将其复制在桌面。该文件夹下包含:排版中所要用到的图片及文字和排版后的效果图。

(2)根据提供的书面样稿和效果图进行操作,排版页面为 A4。

样文如下:

期末练习试题

电磁污染的危害

电磁波虽然看不见摸不着，但它是客观存在的一种物质，是一种能量传输的形式。

二次大战以后，微波的应用越来越广泛，广播、电视、通信、导航、气象预报、烘烤、杀菌、治癌等等。但是当电磁辐射的能量超过一定的数值之后，它给我们带来的就不仅仅是利益，它也会对仪器设备造成干扰，对人类居住环境造成污染。目前，电磁辐射已成为继大气、水、噪声之后的“第四污染源”。

随着科学技术的进步、人们生活水平的提高，移动电话的迅速发展，电视、电脑、微波炉、电磁炉的日益普及，高压输电线路、电气化铁路、轻轨不断进入市区，使得电磁辐射充斥着我们生活的各个角落。但是，由于电磁辐射在空中的能量传播随距离的增加迅速衰减，只要在安装发射天线或有电磁辐射的设备时，与敏感点拉开一定间隔距离，合理布局，还是可以避免电磁辐射对人体的伤害的。因此，必须加大对电磁辐射建设项目的管理力度，加强对电磁辐射环境的保护，确实保障公众的健康，使经济发展驶入可持续发展的良性轨道。

① $\int \frac{dx}{ax+b} = \frac{1}{a}\ln|ax+b| + C$

② $f(t) = \begin{cases} \frac{t}{2} \\ 2t - 1 - \frac{t^2}{2} \end{cases}$

我爱这土地

假如我是一只鸟，
我也应该用嘶哑的喉咙歌唱：
这被暴风雨所打击着的土地，
这永远汹涌着我们的悲愤的河流，
这无止息地吹刮着的激怒的风，
和那来自林间的无比温柔的黎明——
然后我死了，
连羽毛也腐烂在土地里面。
为什么我的眼里常含泪水？
因为我对这土地爱得深沉……

2009年与2010年企业景气指数与企业家信心指数对照表

编号	名称	企业景气指数		企业家信心指数	
		上季	本季	上季	本季
02401	交通运输、邮政业	115.50	130.81	121.38	123.45
02402	工业	100.45	134.26	127.39	134.25
02403	房地产业	130.45	131.88	135.93	136.27
02404	建筑业	123.89	122.34	120.10	126.31
备注	新的《国民经济行业分类》标准（GB/T4754-2002）从 2003 年起在全国实施，企业景气历史资料已按新标准进行调整，但各类指数仅有一些细微差异。				

班级：（填写自己班级）　　　　姓名：（填写自己姓名）

(3)学生根据提供的素材按样文进行编排，只能运用 Word 中的功能。

(4)在桌面上创建一个自己姓名的文件夹，将以上生成的文件命名为“实训 5-2”放在自己姓名的文件夹中，并提交给老师。

【实训反馈】(说明掌握的程度)

通过实验,我掌握了____等知识点。

通过练习,我掌握了____等操作技巧。

还有以下疑问:

【实训小结】(练习心得体会,自己写)

实训 5-3

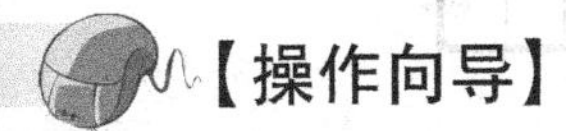

【操作向导】

(1)在指定位置打开"实训 5"中"5-3"文件夹,将其复制在桌面。该文件夹下包含:排版中所要用到的图片、文字和排版后的效果图。

(2)根据提供的书面样稿和效果图进行操作,排版页面为 A4。

样文如下:

文字处理　　　　　　　　　　　　　　　　　　　　综合练习

计算机可把所有信息如文字、数字、符号组成的文件及曲线、几何图形、图片，甚至声音都存储起来，并转换成计算机能识别的字符串或位串，予以存储、传送和运算。这为迅速处理大量数据提供了可能。大容量存储设备——磁盘又为存储大量数据提供了物质基础。但文件系统还存在问题，不适应信息处理的需要，主要问题有三个方面。

光花

数据库系统的产生

产生是美丽的，结束是优雅的，正如花的开放，芬芳是必然的；又如秋败落，回归是无可非议的，只是那辉煌的一刻，总是很短暂。有时候，我们苦苦寻觅，却一无所有；有时候，我们无所事事，却纷至沓来。其实，太多时候，你能否得到一枚碧绿可人的叶子，不管在风在还是在雨中，关键得看你有没有一份真诚的修炼，有没有一份良好的心境。

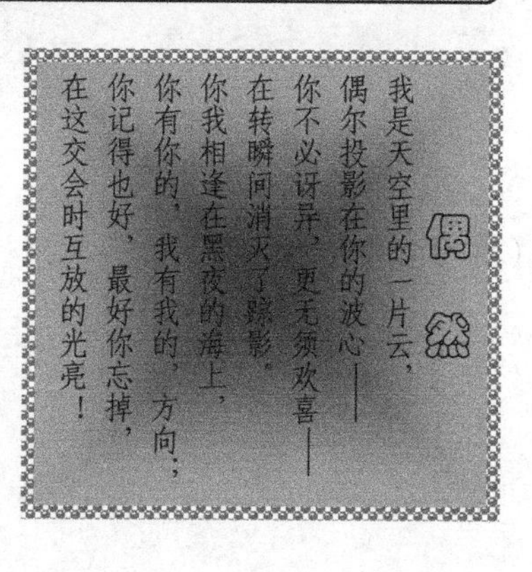
偶然
我是天空里的一片云，
偶尔投影在你的波心——
你不必讶异，更无须欢喜——
在转瞬间消灭了踪影。
你我相逢在黑夜的海上，
你有你的，我有我的，方向；
你记得也好，最好你忘掉，
在这交会时互放的光亮！

收款凭证

年　月　日　　　　　　第　号

摘要	明细科目	贷方总帐科目	符号	金额									
				千	百	十	万	千	百	十	元	角	分
合计													

- word -

(3)学生根据提供的素材按样文进行编排，只能运用Word中的功能。

(4)在桌面上创建一个自己姓名的文件夹，将以上生成的文件命名为“实训5-3”放在自己姓名的文件夹中，并提交给老师。

【实训反馈】(说明掌握的程度)

通过实验,我掌握了____

____

____等知识点。

通过练习,我掌握了____

____

____等操作技巧。

还有以下疑问:

【实训小结】(练习心得体会,自己写)

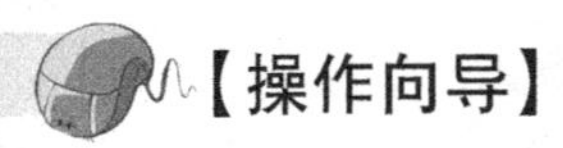

实训 5-4

【操作向导】

(1)在指定位置打开"实训 5"中的"5-4"文件夹,将其复制在桌面。该文件夹包含:排版中所要用到的图片、文字和排版后的效果图。

(2)根据提供的书面样稿和效果图进行操作,排版页面为 A4。

样文如下：

Word 排版期末考试　　　　姓名：请输入考生姓名

想象力恐怕是人类所特有的一种天赋。其他动物缺乏想象力，所以不会有创造。在人类一切创造性活动中，尤其是科学、艺术和哲学创作，想象力都占有重要的地位。因为所谓人类的创造并不是别的，***而是想象力产生来的美妙的作品。***

如果音乐作品能像一阵秋风，在你的心底激起一些诗意的幻想和一缕缕真挚的思恋精神家园的情怀，那**就不仅说明这部作品是成功的，脍人肺腑的，而且也说明你真的听懂了它，说明你和作曲家、演奏家在感情上发生了深深的共鸣。**

音乐这门帛象的艺术，本是一个充满着诗情画意、浮想连翩的幻想王国。这个王国的大门，对于一切具有音乐想象力、多少与作曲家有着相应内在生活经历和心路历程的听众，都是敞开着的，就像秋光千里、白云蓝天对每个人都是敞开的一样。

贝多芬的~~田园交响乐~~，只对那些内心向往着**大自然的景色**（**暴风雨、蜿蜒的小溪、鸟鸣、树林和在微风中摇的的野草闲花……**）的灵魂才是倍感 亲切的。或者说，~~只有那些多少懂得自然界具有内在精神价值的天~~，才能在（田园交响乐）的旋律中获得慰藉和精神力量，才能用自己的想象力建造自己的精神家园。想象力的最大用处就是建造人的精神家园，找到安身立命的地方。音乐的本质，精神家园的一种文化活动。

用户资料

联系人	李小姐	职称	副经理	性别	女
公司名称	平等发展股份有限公司			负责人	天南
地址	北京市长寿街幸福路 188 号				
电话	010-66886699	分机	201	传真	010-66886900

$$P=\sqrt{\int_0^T p^2(t)dt}$$

$$Z_n-C_mX^{n+1}$$

第 1 页 共 1 页

(3)学生根据提供的素材按样文进行编排，只能运用 Word 中的功能。

(4)在桌面上创建一个自己姓名的文件夹，将以上生成的文件命名为“练习 5-4”放在自己姓名的文件夹中，并提交给老师。

【实训反馈】(说明掌握的程度)

通过实验,我掌握了____等知识点。

通过练习,我掌握了____等操作技巧。

还有以下疑问:

【实训小结】(练习心得体会,自己写)

实训 5-5

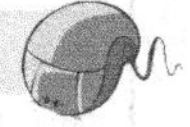

【操作向导】

(1)在指定位置打开“实训 5”中的“5-5”文件夹,将其复制在桌面。该文件夹包含排版中所要用到的图片、文字和排版后的效果图。

(2)根据提供的书面样稿和效果图进行操作,排版页面为 A4。

样文如下:

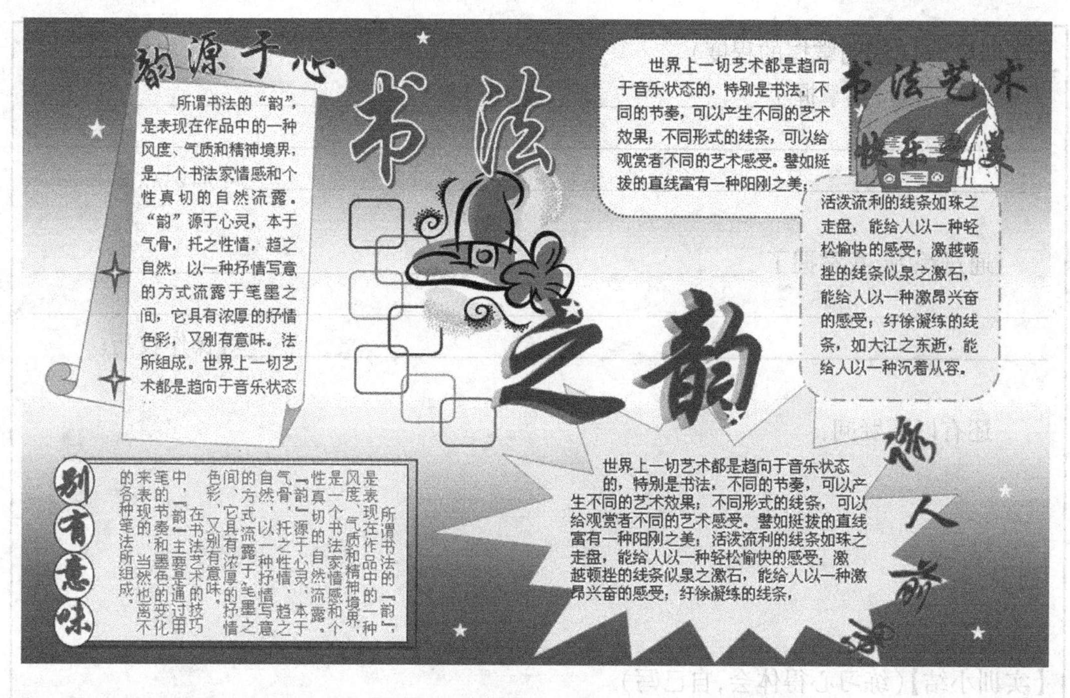

(3)学生根据提供的素材按样文进行编排,只能运用 Word 中的功能。

(4)在桌面上创建一个自己姓名的文件夹,将以上生成的文件命名为"练习 5-5"放在自己姓名的文件夹中,并提交给老师。

【实训反馈】(说明掌握的程度)

通过实验,我掌握了____

____等知识点。

通过练习,我掌握了____

____等操作技巧。

还有以下疑问:

【实训小结】(练习心得体会,自己写)

实训 5-6

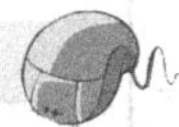

【操作向导】

（1）在指定位置打开“实训 5”中的“5-6”文件夹，将其复制在桌面。该文件夹包含排版中所要用到的图片、文字和排版后的效果图。

（2）根据提供的书面样稿和效果图进行操作，排版页面为 A4。

样文如下：

项目 / 国家	田径	射击	游泳	跳水
中国	10	15	12	8
美国	11	9	8	5
日本	7	4	6	3
澳大利亚	4	3	2	5
法国	9	8	6	5
英国	12	11	7	4
德国	3	9	6	8

（3）学生根据提供的素材按样文进行编排，只能运用 Word 中的功能。

（4）在桌面上创建一个自己姓名的文件夹，将以上生成的文件命名为“练习 5-6”，并提交给老师。

【实训反馈】（说明掌握的程度）

通过实验，我掌握了____

____

____等知识点。

通过练习,我掌握了____

____

____等操作技巧。

还有以下疑问:

【实训小结】(练习心得体会,自己写)

实训报告

实训项目	实训五　Word 综合练习	成绩	
实训时间	第　周　年　月　日		
	星期(　)节次	批改教师	
实训地点		批改时间	
根据所做实训,回答以下问题			

(1)页码的设置。

- 在“插入”菜单中选择“页码”:

- 在“页眉/页脚”工具条中页码的设置,并指出以下各按钮的作用:

页眉和页脚

插入“自动图文集”(S)　关闭(C)

(2)公式的制作。

选择“插入”菜单中→“对象”命令,选“Microsoft 公式 3.0”。

【实训反馈】(说明掌握的程度)

通过实验,我已掌握:

【实训小结】(实验心得体会,自己写)

Excel 表格的格式化

目标和要求

- 正确理解工作表、工作簿、表头等名词术语。
- 学会对工作表的格式化。
- 学会复制、移动、重命名工作表的方法。
- 学会定义单元格名称。
- 学会设置打印标题。
- 学会插入、删除、复制、移动行与列。
- 学会设置行高和列宽。

能力目标

Excel 下制作各类电子表格,规范排版,并送打印机打印。

操作要点

- Excel 窗口界面:

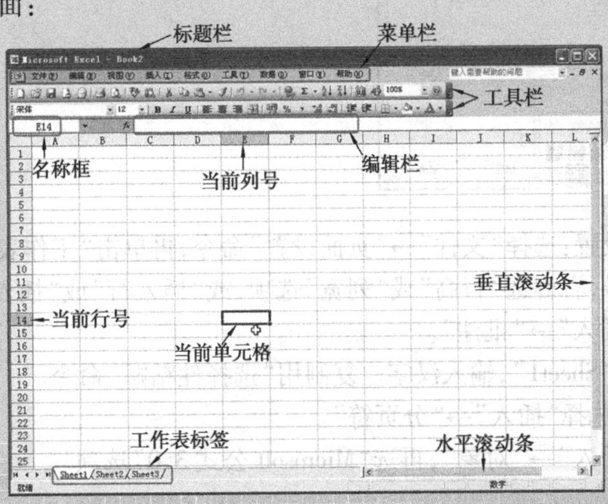

表格格式化：选择“格式”→“单元格”命令，或右键选择“设置单元格格式”命令。

• 数字：

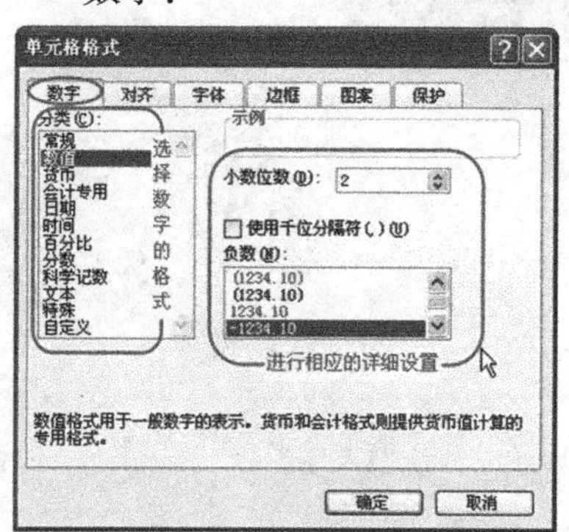

• 对齐：

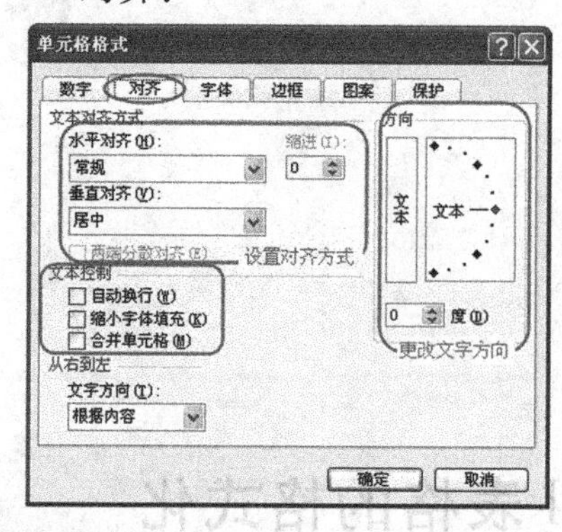

• 字体：

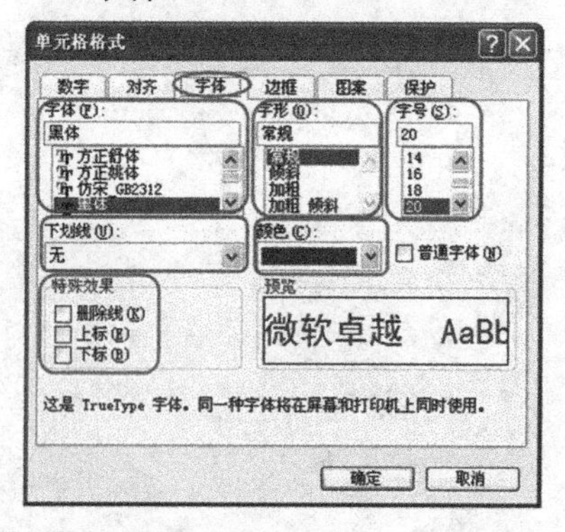

• 边框：

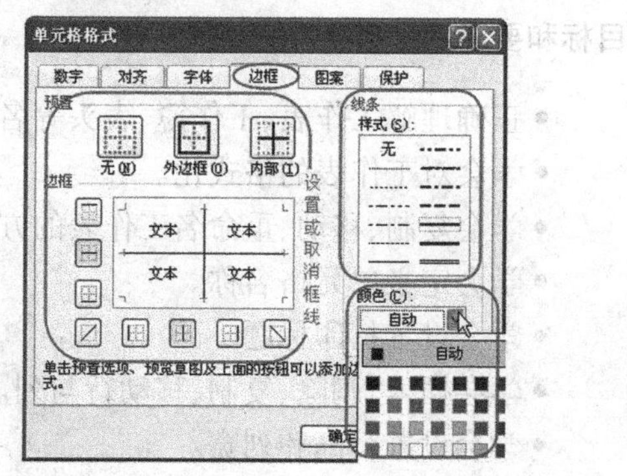

• 填充底纹：

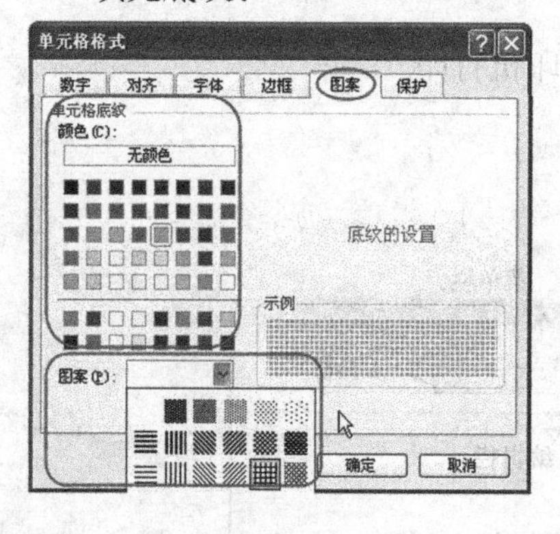

打印标题行的设置：选择“文件”→“页面设置”命令，再单击“工作表”选项卡。

选定行号或列号，右键选“行高”或“列宽”选项，或“插入行”或“插入列”选项。

- 批注：选择“插入”→“批注”。
- 重命名：双击“Sheet1”，输入汉字。复制用“选择性粘贴”命令。
- 插入分页线：选择“插入”→“分页符”。
- 公式：选择“插入”→“对象”，再选“Microsoft 公式 3.0”选项。

页面设置
页面　页边距　页眉/页脚　工作表
打印区域(A):　打印(P)...
打印标题　打印预览(W)
顶端标题行(R):　选项(O)...
左端标题列(C):
打印
网格线(G)　行号列标(L)
单色打印(B)　批注(M): (无)
按草稿方式(Q)　错误单元格打印为(E): 显示值
打印顺序
先列后行(D)
先行后列(V)
确定　取消

实训 6-1

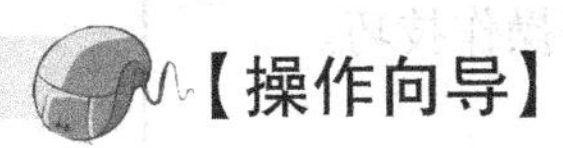

【操作向导】

按照以下样文在 Excel 中做如下表格：

课程表

星期 节数	星期一	星期二	星期三	星期四	星期五
第一节					
第二节					
课　间　操					
第三节					
第四节					
中　午　休　息					
第五节					
第六节					
备注					

光明小学教师评分表

姓名	性别	职称	出勤得分	评教得分	其他	总分
张红	男	高级	90	85	61	
石林	女	一级	74	80	77	
李明洁	女	二级	90	78	85	
王红强	男	高级	78	96	78	
张清	女	高级	91	86	86	

续表

姓名	性别	职称	出勤得分	评教得分	其他	总分
李兰	女	一级	87	88	91	
钟玲	女	二级	88	77	84	
李新	男	二级	61	85	84	
钱小琴	女	高级	75	97	94	
魏林	女	一级	76	87	75	
赵强	男	一级	93	90	88	

【实训反馈】(说明掌握的程度)

通过实验,我掌握了____

____

____等知识点。

通过练习,我掌握了____

____

____等操作技巧。

还有以下疑问:

【实训小结】(练习心得体会,自己写)

实训 6-2

【操作向导】

请打开“实训 6”中的“6-2”文件夹,按样文设置工作表及表格。
样文如下:

考试成绩表

考号	班	姓名	座号	考室	语文	数学
106150101	06	李庆超	01	二楼 304 室	69.0	58.0
106150102	06	杜松霖	02	二楼 304 室	85.0	65.0
106150103	02	周会斌	03	二楼 304 室	72.0	82.0
106150104	03	周强	04	二楼 304 室	90.0	68.0
106150105	03	刘相岑	05	二楼 304 室	99.0	83.0
106150106	14	霍博	06	二楼 304 室	78.0	87.0

(1)设置工作表行、列。

①将表格向右移一列。

②将“周会斌”一行与“周强”一行互换位置。

(2)设置单元格格式。

①标题格式:字体为仿宋;字号为 18,粗体,跨列居中;底纹为浅绿色。

②表格中的文字:字体为宋体,字号为 12。

③表格中的“语文”一列和“数学”一列设置为数值格式,保留 1 位小数,右对齐;其他各单元格内容居中;表格底纹为浅黄。

(3)设置表格边框线:按样文为表格设置相应的边框格式。

(4)定义单元格名称:将“语文”一列“99.0”单元格定义为“最高分”。

(5)添加批注:为“数学”一列中的“58.0”单元格添加批注“需核实”。

(6)重命名工作表:将“Sheet1”工作表重命名为“成绩统计”。

(7)复制工作表:将“成绩统计”工作表复制到“Sheet2”中。

(8)设置打印标题:在“数学”一列前插入分页线;设置表格第一列为打印标题。

【实训反馈】(说明掌握的程度)

通过实验,我掌握了____

____等知识点。

通过练习,我掌握了____

____等操作技巧。

还有以下疑问:

【实训小结】(练习心得体会,自己写)

实训 6-3

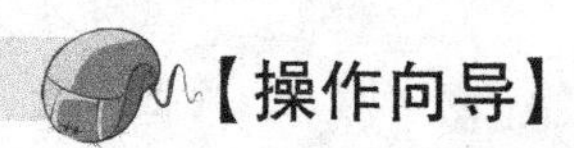

【操作向导】

在 Excel 中做如下表格:

基础调研测试细目表

课程内容标准		教学目标		
一级主题	二级主题	知识与技能	过程与方法	情感态度与价值观
必修	认识			
	实验基础			
	应用			

【实训反馈】(说明掌握的程度)

通过实验,我掌握了____

____

____等知识点。

通过练习，我掌握了＿＿＿等操作技巧。

还有以下疑问：

【实训小结】（练习心得体会，自己写）

实训 6-4

【操作向导】

分别在 Word 和 Excel 中做下面的表格，注意两款软件的区别。

面试表

面试职位		姓名		年龄		面试编号	
居住地				联系方式			
时间		毕业学校		专业			
学历		期望月薪		专长			
工作经历							

【实训反馈】(说明掌握的程度)

通过实验,我掌握了____

____等知识点。

通过练习,我掌握了____

____等操作技巧。

还有以下疑问:

【实训小结】(练习心得体会,自己写)

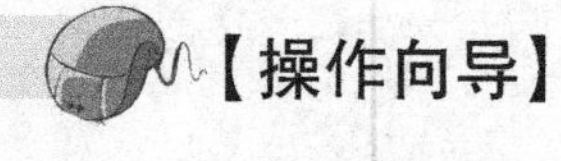

实训 6-5

【操作向导】

在 Excel 中做如下表格(注:在 A4 的版面下横向操作):

××市（中学）系列（中）级专业技术职务任职资格评审综合情况（公示）表

填表单位（盖章）：　学校类别：　中学　　学校地址：　　填表时间：　　档案编号：

姓名		性别	
出生年月		最高学历（学位）	
何时何校何专业毕业			
参加工作时间		任现职时间	
现任行政职务		支教起止时间	
何时取得何技术职称			
教师资格类		普通话测试等级	
继续教育是否合格		校长岗位培训情况	
任班主任或相关工作起止时间			
年度考核情况			
何时参加何种外语何级考试是否合格			
何时参加何级计算机考试是否合格			
申报何种专业技术职务何种学科			

工作、学习、培训经历		
起止时间	在何单位从事何工作（学习）	职务

担任现专业技术职务（职称）以来的主要业绩		
任务名称及时间	担任工作的主要内容	任务完成效果及本人所起作用

任现职以来著作、论文及重要技术报告登记		
刊物名称、刊号及时间（或会议名称及时间）	论文、论著名称	本人作用

公示起止时间		公示结果	
基层单位推荐意见			
单位负责人签字			

学校表决结果	总人数	参加人数	赞成人数	弃权人数	反对人数
专业组推荐意见					

【实训反馈】(说明掌握的程度)

通过实验,我掌握了____

____等知识点。

通过练习,我掌握了____

____等操作技巧。

还有以下疑问:

【实训小结】(练习心得体会,自己写)

实训报告

<table>
<tr><td>实训项目</td><td>实训六　Excel 表格的格式化</td><td rowspan="2">成绩</td><td rowspan="2"></td></tr>
<tr><td rowspan="2">实训时间</td><td>第　周　年　月　日</td></tr>
<tr><td>星期(　)节次</td><td>批改教师</td><td></td></tr>
<tr><td>实训地点</td><td></td><td>批改时间</td><td></td></tr>
<tr><td colspan="4">根据所做实训,回答以下问题</td></tr>
<tr><td colspan="4">(1)名词术语的理解:
“行”的概念?如何表示?

“列”的概念?如何表示?

“单元格”的概念?如何表示?

“工作表”的概念?

“工作簿”的概念?

(2)单元格的格式化:
• 选择“格式”→“单元格”。
• 单击右键选择“设置单元格格式”命令,如下图所示。</td></tr>
</table>

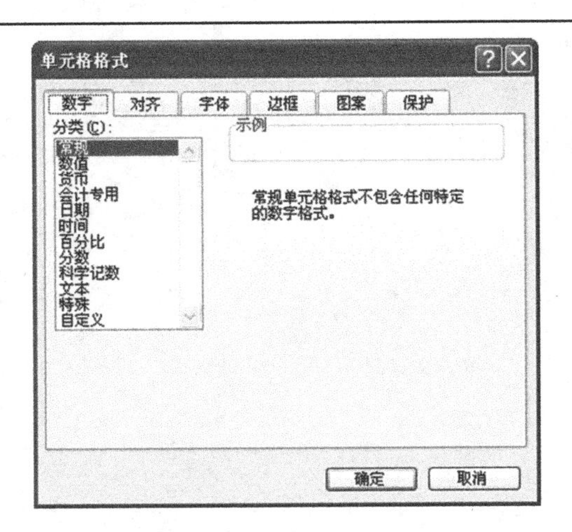

• 分别写出“数字”“对齐”“字体”“边框”“图案”选项卡的作用:

(3)写出 Excel 与 Word 界面的区别:

(4)写出复制、移动工作表的操作步骤:

(5)写出重命名工作表的操作步骤:

(6)写出添加批注的操作步骤:

(7)写出加分页线和设置打印标题的操作步骤:

(8)写出设置行高和列宽的操作步骤:

【实训反馈】(说明掌握的程度)

通过实验,我已掌握:

【实训小结】(实验心得体会,自己写)

Excel 表格的数据处理

目标和要求

- 学会加、减、乘、除运算方法，灵活应用综合计算的操作方法。
- 学会排序操作，加深对“扩展选定区域”的理解。
- 学会筛选的操作，准确给出筛选条件。
- 学会合并计算的操作，掌握合并计算的操作技巧。
- 学会分类汇总的操作。

能力目标

能灵活对各类数据表格进行数据的处理、分析、统计等。

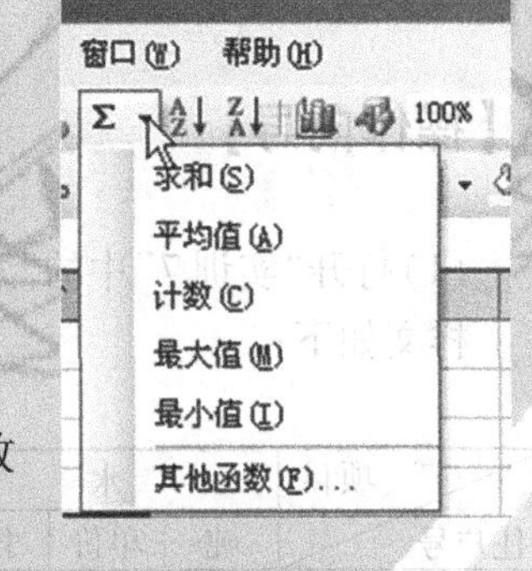

操作要点

- 公式：单击求和按钮 Σ，如右图所示。
- 排序、筛选、合并计算、分类汇总、数据透视表：选择“数据”菜单中的相应命令。
- 排序：在对话框中填写所需内容。
- 分类汇总：在对话框中填写所需内容。

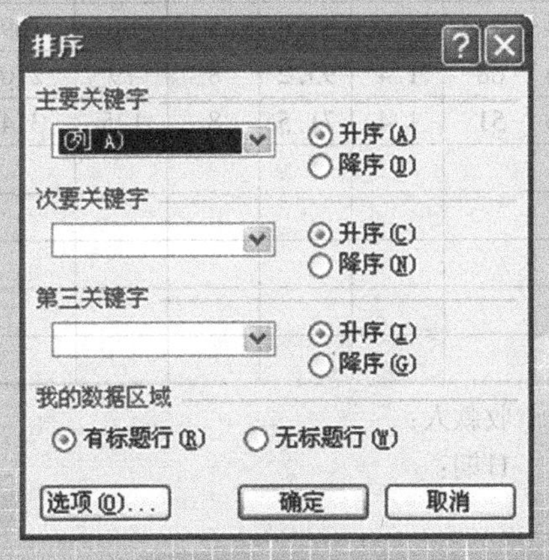

分类汇总
分类字段(A):
月份
汇总方式(U):
求和
选定汇总项(D):
规格
类别
销售数量
替换当前分类汇总(C)
每组数据分页(P)
汇总结果显示在数据下方(S)
全部删除(R)
确定
取消

• 合并计算:在对话框中填写所需内容。

合并计算

函数(F):
求和
引用位置(R):
$A$2:$F$13
浏览(B)...
所有引用位置(E):
添加(A)
删除(D)
标签位置
首行(T)
最左列(L)
创建连至源数据的链接(S)
确定
关闭

注意:分类汇总前,先以"分类字段"为关键字排序,再进行"分类汇总"。
所有做出的结果都必须与样文结果一致。
COUNTA( )统计函数:在"f(x)"中找。

实训 7-1

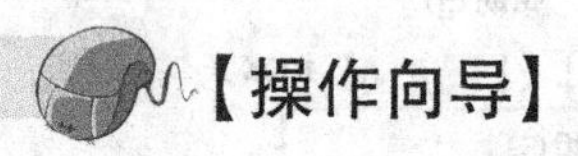

【操作向导】

(1)打开"实训 7"中的"7-1. xls"工作表,按照样本完善表格内的内容,并保存。
样文如下:

华宇小区__十一__月水电气收费表

项目 / 住户号	水			电			气			清洁费	物管费	合计
	吨	单价	小计	千瓦时	单价	小计	立方	单价	小计			
1—1	15	3.4	51	102	0.52	53.04	33	1.4	46.2	8	92.5	250.74
1—2	6	3.4	20.4	143	0.52	74.36	47	1.4	65.8	8	103	271.56
1—3	8	3.4	27.2	67	0.52	34.84	24	1.4	33.6	8	66	169.64
1—4	11	3.4	37.4	98	0.52	50.96	68	1.4	95.2	8	79	270.56
1—5	9	3.4	30.6	153	0.52	79.56	51	1.4	71.5	8	125	314.56

收款人:
日期:

(2)"lx7-1"工作表是生活常识,这是一组贴近生活的数据。俗话说:不当家不知油盐柴米贵,我们要走近生活,替父母分忧。

操作时应注意:房间号的格式要求,每家房号是否逐一输入,有无简单方法?不填满所有单价,能否按要求进行计算?对相同单价的快捷处理方法;斜线表头的处理方法。

(3)按要求设定列宽、行宽。

(4)计算水、电、气小计及每户的总计。

【实训反馈】(说明掌握的程度)

通过实验,我掌握了____等知识点。

通过练习,我掌握了____等操作技巧。

还有以下疑问:

【实训小结】(练习心得体会,自己写)

实训 7-2

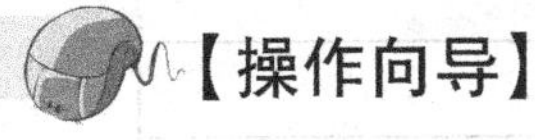

【操作向导】

(1)打开"实训 7"中的"7-2. xls"工作表,表格中的内容是填写个人简历时需要的基本信息,其中家庭住址中各区县对应的邮政编码信息是真实的数据。

(2)将"性别"中的"男性"排在前,结果如样文 1 和样文 2。

样文 1 如下：

计算机培训报名表

姓名	性别	文化程度	家庭住址	邮政编码	联系电话
王小小	男	中专	茶园新区长庆路一号	401336	60818103（24 小时值班电话）
张　三	男	博士生	沙区三峡路	400030	15012345678
杨　柳	男	大专	渝北区江北西路	401120	
程　功	男	中专	渝中区解放西路	400015	
牛　牛	男	高中	石桥铺电子城	400039	
×××	男	高中	剧院江北城南路	400020	
×××	男	大学	北碚区北环路	400700	
×××	男	大学	璧山县青龙湖	402760	
李　四	女	大专	巴南区恒大城	401320	13456789123
陈　一	女	初中	南坪东路	400060	62455980
刘　妞	女	研究生	杨家坪动物园	400050	
×××	女	大学	涪陵区涪陵榨菜厂	408000	
×××	女	大专	江津市四面山风景区	402260	
×××	女	硕士生	大足县大足石刻	402360	

样文 2 如下：

计算机培训报名表

姓名	性别	文化程度	家庭住址	邮政编码	联系电话
×××	男	高中	剧院江北城南路	400020	
×××	男	大学	北碚区北环路	400700	
×××	女	大学	涪陵区涪陵榨菜厂	408000	
×××	女	大专	江律市四面山风景区	402260	
×××	男	大学	璧山县青龙湖	402760	
×××	女	硕士生	大足县石坝路	402360	
陈　一	女	初中	南坪东路	400060	62455980
程　功	男	中专	渝中区解放西路	400015	
李　四	女	大专	巴南区恒大城	401320	13456789123

续表

姓名	性别	文化程度	家庭住址	邮政编码	联系电话
刘　妞	女	研究生	杨家坪动物园	400050	
牛　牛	男	高中	石桥铺电子城	400039	
王小小	男	中专	茶园新区长庆路一号	401336	60818103(24 小时值班电话)
杨　柳	男	大专	渝北区江北西路	401120	
张　山	男	博士生	沙区三峡路	400030	15012345678

(3)将“姓名”按升序排列。

【实训反馈】(说明掌握的程度)

通过实验,我掌握了____等知识点。

通过练习,我掌握了____等操作技巧。

还有以下疑问:

【实训小结】(练习心得体会,自己写)

实训 7-3

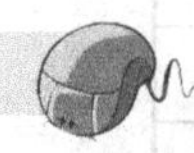

【操作向导】

(1)打开“实训 7”中的“7.3.xls”工作表,这是一道综合题。学会做这道题,可以让我们学以致用,在每次考试后,为老师进行分数计算,完成本班学生考试的综合评定。表中的姓名,是“百家姓”的排名顺序。

(2)一年级计算机专业学生英文及格分数为 165/min,多一个加 0.5 分,少一个减 0.5 分。请计算出英文的折合分数;英文占 30% 的分数。

(3)汉字及格要求为 47 字/min,多一个加 1 分,少一个减 1 分,请计算出汉字的折合分数;汉字占 70% 的分数。

(4)计算出总成绩,小数点保留一位。

(5)对总成绩排序,将排序结果填写在名次项内(使用最快捷的方法填写)。

样文如下:

××班中英文录入成绩表

姓　名	英　文	英文折合	英文 30%	汉　字	汉字折合	汉字 70%	总成绩	名　次
王同学	189	72	21.6	96	109	76.3	97.9	1
吴同学	166	60.5	18.15	81	94	65.8	84.0	2
杨同学	157	56	16.8	79	92	64.4	81.2	3
陈同学	138	46.5	13.95	70	83	58.1	72.1	4
刘同学	136	45.5	13.65	62	75	52.5	66.2	5
周同学	122	38.5	11.55	57	70	49	60.6	6
张同学	121	38	11.4	53	66	46.2	57.6	7
黄同学	99	27	8.1	42	55	38.5	46.6	8
李同学	77	16	4.8	46	59	41.3	46.1	9
赵同学	108	31.5	9.45	39	52	36.4	45.9	10

【实训反馈】(说明掌握的程度)

通过实验,我掌握了____等知识点。

通过练习,我掌握了____等操作技巧。

还有以下疑问:

【实训小结】(练习心得体会,自己写)

实训 7-4

【操作向导】

(1)打开“实训 7”中的“7.4.xls”工作表,将标题“新世纪家电六月份销售情况统计表”的字号改为 14,加粗,并将 B1:F1W 合并及居中。

(2)填写“编号”栏(编号从 G001 到 G006)。

(3)用公式求出各商品的销售金额。

(4)将各商品的所有信息按单价从高到低排序。

(5)用公式求出“总销售额”填入相应的兰色单元格 F10 内。

(6)将“单价”栏和“销售金额”栏中的数据保留两位小数。将表格各列设为“最适合的列宽”。

(7)将整个表格添上蓝色粗实线的外边框。

(8)筛选出“销售金额”大于或等于 420 000 的商品。

【实训反馈】(说明掌握的程度)

通过实验,我掌握了____

____

____等知识点。

通过练习,我掌握了____

____

____等操作技巧。

还有以下疑问:

【实训小结】(练习心得体会,自己写)

实训 7-5

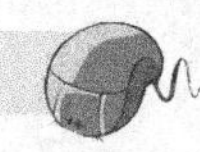

【操作向导】

(1)打开“实训 7”中的“7.5. xls”工作表,出勤表是每个单位对职工的基本考核内容之一,年终每个单位将对员工一年来出勤情况作统计,通过合并计算,可准确掌握每个职工的出勤情况。

(2)将“八达公司”3 个月职工出勤情况作统计,结果如样文。

样文如下:

八达电脑 公司 九、十、十一 月职工考勤总表

姓　名	公假	事假	病假	旷工	迟到	早退	加班天数
方小平	5				1		4
王　浩					3		
王海洋		1	3				
陈洪法	1	1					
刘　美							4
尚　上	2						2
江　丽							2
董　磊	1	2					2
王　飞					4		
陈　瑚	3	1	2		1		2
林　风	1		1				
赵　亚					1		2
何　平					2		
张　芷		1			1		2

【实训反馈】（说明掌握的程度）

通过实验，我掌握了____等知识点。

通过练习，我掌握了____等操作技巧。

还有以下疑问：

【实训小结】（练习心得体会，自己写）

实训 7-6

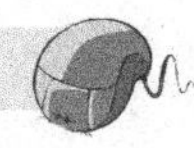

【操作向导】

(1)打开“实训 7”中的“7.6. xls”工作表,这是新世纪百货商场对一类品种销售额的统计,根据销售额情况,可给商家提供客户的需求。

(2)以“时间”为分类字段,将“美宝莲”、“玉兰油”、“兰蔻”、“雅诗兰黛”、“巴黎欧莱雅”进行“平均值”分类汇总,结果如样文。

样文如下:

新世纪百货公司化装品销售营业额统计表(__2__月__1__日至__7__日)

时　间	美宝莲	玉兰油	兰　蔻	雅诗兰黛	巴黎欧莱雅
总计平均值	3 485.00	4 747.14	5 557.80	4 560.71	6 816.43

【实训反馈】(说明掌握的程度)

通过实验,我掌握了____

____

____等知识点。

通过练习,我掌握了____

____

____等操作技巧。

还有以下疑问:

【实训小结】(练习心得体会,自己写)

实训报告

<table>
<tr><td>实训项目</td><td>实训七　Excel 表格的数据处理</td><td rowspan="2">成　绩</td><td rowspan="2"></td></tr>
<tr><td rowspan="2">实训时间</td><td>第　　周　　年　　月　　日</td></tr>
<tr><td>星期(　)节次</td><td>批改教师</td><td></td></tr>
<tr><td>实训地点</td><td></td><td>批改时间</td><td></td></tr>
<tr><td colspan="4">根据所做实训,回答以下问题</td></tr>
</table>

(1)熟悉数据表中的各种计算方法。

写出常用计算方法的名称(至少写出 5 种):____

____

____。

常用 5 种计算方法分别从什么位置可以找到?

如果数据表中有一列数据需要用减法来计算,你该怎么做?

求和范围有纵向和横向,最快捷的求和方式是通过________按键来完成;在完成此操作时应注意的问题是________、________。

求平均值的第一种方法用函数形式完成,第二种方法在________下完成。

灵活使用编辑栏,在编辑栏中输入数学公式,参与运算的加、减、乘、除符号分别用________代表;输入数学公式前应先输入________。

(2)在________、________可找到排序功能项,排序的两种形式是______________;数字按升序排列,规律是________;字母按升序排列,规律是______________。

手机上储存的通讯录信息,是按________排列的。

选中“扩展选定区域”项,其作用是________________________________。

(3)筛选的作用是________。

简述:选中不同数据范围,筛选按钮定位有无不同?正确的筛选操作是什么?

(4)合并计算的前提条件是________________________________。

合并计算对话框中“首行”项参数的含义是________________________。

合并计算对话框中“最左列”项参数的含义是______________________。

对多个表数据进行合并计算时,应注意的问题是什么?

第一次进行合并计算未成功,第二次重新做,应先进行什么操作?

(5)列出分类汇总的方式(至少5种以上)______________________________

____。

分类字段也是表格中常见的____________项。

【实训反馈】(说明掌握的程度)

通过实验,我已掌握:

【实训小结】(实验心得体会,自己写)

数据透视表

目标和要求

- 学会新建、保存、打开、关闭数据透视表。
- 学会使用表格中的数据创建数据透视表。
- 学会最后的统计过程。
- 学会创建数据透视表的一些技巧性的操作,并能灵活应用所学知识。
- 灵活运用图表对数据进行分析。

能力目标

- 通过数据透视表格来分析数据(如产品的种类、数量统计分析等)。
- 通过图表来分析数据(如产品的种类、数量统计分析等)。

操作要点

数据透视表和数据透视图:选择“数据”→“数据透视表和数据透视图”命令。

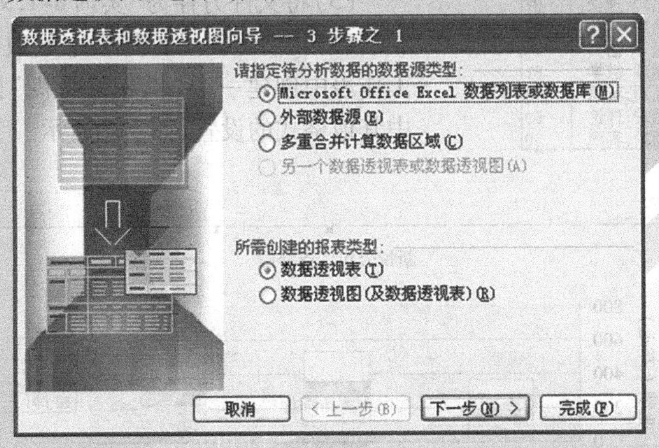

图表:选择“插入”→“图表”命令,或单击工具栏上的“ ”按钮。

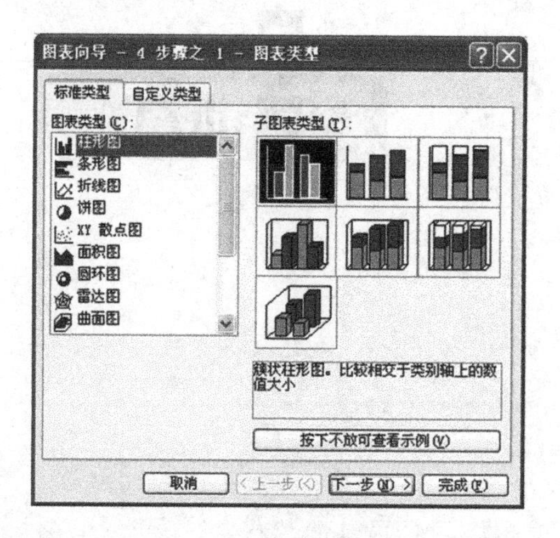

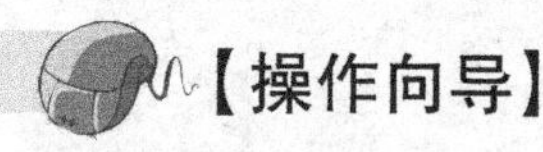

【操作向导】

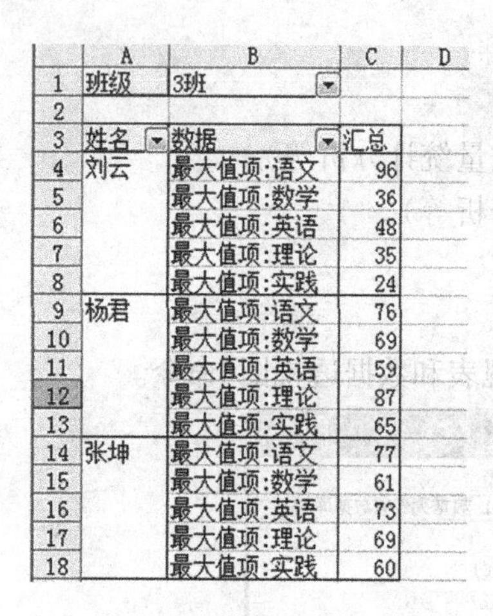

	A	B	C	D
1	班级	3班		
2				
3	姓名	数据	汇总	
4	刘云	最大值项:语文	96	
5		最大值项:数学	36	
6		最大值项:英语	48	
7		最大值项:理论	35	
8		最大值项:实践	24	
9	杨君	最大值项:语文	76	
10		最大值项:数学	69	
11		最大值项:英语	59	
12		最大值项:理论	87	
13		最大值项:实践	65	
14	张坤	最大值项:语文	77	
15		最大值项:数学	61	
16		最大值项:英语	73	
17		最大值项:理论	69	
18		最大值项:实践	60	

(1)打开“实训 8”中的“素材. xls”文件,将“lx8-1”和“lx8-1a”工作表,并复制到新的工作簿下。

(2)以“lx8-1”工作表中的数据为数据源,以“班级”为分页,以姓名为行字段,以“语文”和“数字”等各学科为最大值项,从“Sheet3”工作表的 A1 单元格起建立数据透视表,如下图所示。

(3)将文件另存为“实训 8-1. xls”,存在桌面上。

(4)以“lx8-1a”工作表中的数据为数据源,在该工作表中创建一个“堆积柱形图”图表,并完成图表中其他格式的设置,如下图所示。

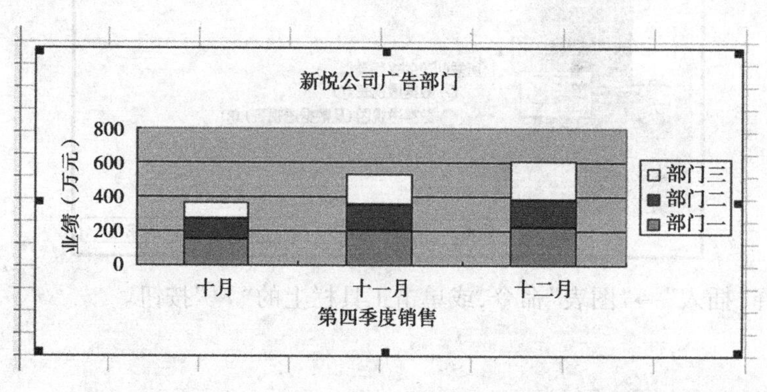

(5)在桌面上创建一个自己姓名的文件夹,将以上生成的文件放在自己姓名的文件夹中,并提交给老师。

【实训反馈】(说明掌握的程度)

通过实验,我掌握了____等知识点。

通过练习,我掌握了____等操作技巧。

还有以下疑问:

【实训小结】(练习心得体会,自己写)

实训 8-2

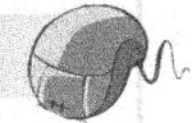

【操作向导】

(1)打开"实训 8"中的"素材.xls"文件,将"lx8-2"和"lx8-2a"工作表的内容复制到新的工作簿下。

(2)以工作表中的数据为数据源,以月份为分页,以城市为列字段,以商品名称为行字段,以销售数量为求和项,从"Sheet3"工作表的 A1 单元格起建立数据透视表,如下图所示。

	A	B	C	D	E
1	月份	7月			
2					
3	求和项:销售数量	城市			
4	商品名称	广州	青岛	武汉	总计
5	帽子		890		890
6	拖鞋	605	331		936
7	袜子	359		535	894
8	总计	964	1221	535	2720

(3)将文件另存为“实训 8-2. xls”,存在桌面上。

(4)“lx8-2a”工作表中的数据进行求和;以“lx8-2a”工作表中的数据为数据源,在该工作表中创建一个“三维饼图”图表,并完成图表中其他格式的设置,如下图所示。

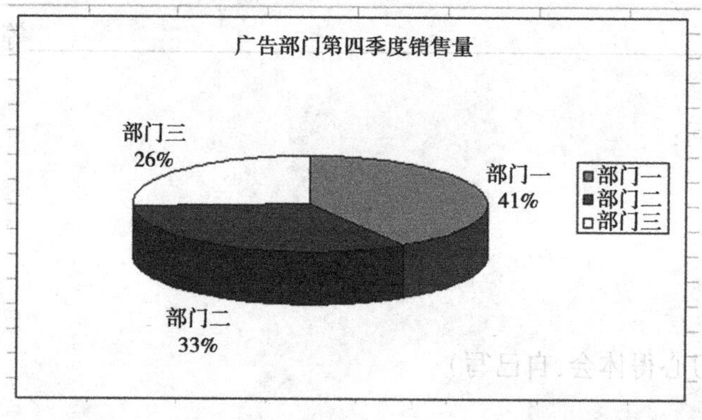

(5)在桌面上创建一个自己姓名的文件夹,将以上生成的文件放在自己姓名的文件夹中,并提交给老师。

【实训反馈】(说明掌握的程度)

通过实验,我掌握了____等知识点。

通过练习,我掌握了____等操作技巧。

还有以下疑问:

【实训小结】(练习心得体会,自己写)

实训 8-3

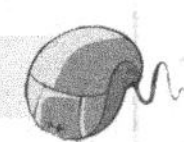

【操作向导】

(1)打开“实训 8”中的“素材. xls”文件,将“lx8-3”和“lx8-3a”工作表的内容复制到新的工作簿下。

(2)以“lx8-3”工作表中的数据为数据源,以姓名为分页,以基本工资为行字段,以补助为列字段,以缺勤天数为计数项。从“Sheet3”工作表的 A1 单元格起建立数据透视表,如下图所示。

	A	B	C	D	E	F	G	H	I
1	姓名	(全部)							
2									
3	计数项:缺勤天数	补助							
4	基本工资	1230	1380	1400	1500	1510	1750	1800	总计
5	2000	1							1
6	2100			1					1
7	2200				1				1
8	2300		1			1			2
9	2400						1		1
10	2800							1	1
11	总计	1	1	1	1	1	1	1	7

(3)将文件另存为“实训 8-3. xls”,存在桌面上。

(4)以“lx8-3a”工作表中的数据为数据源,在该工作表中创建一个“折线图”图表,并完成图表中其他格式的设置,如下图所示。

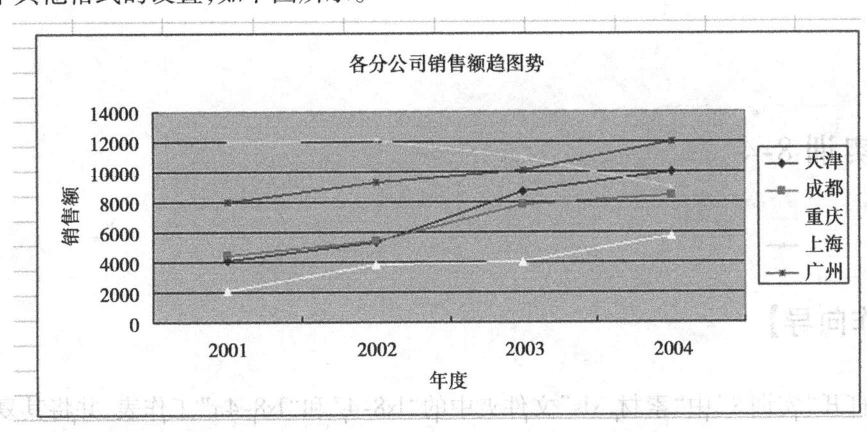

(5)在桌面上创建一个自己姓名的文件夹,将以上生成的文件放在自己姓名的文件夹中,并提交给老师。

【实训反馈】(说明掌握的程度)

通过实验,我掌握了____等知识点。

通过练习,我掌握了____等操作技巧。

还有以下疑问:

【实训小结】(练习心得体会,自己写)

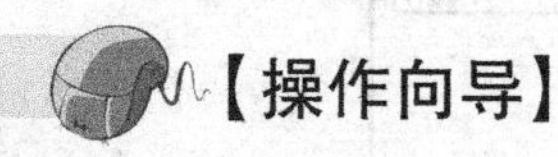

实训 8-4

【操作向导】

(1)打开“实训 8”中“素材.xls”文件夹中的“lx8-4”和“lx8-4a”工作表,并将其复制到新的工作簿下。

(2)以“lx8-4”工作表中的数据为数据源,以发票日期为分页,以油品名称为行字段,以销售办事处为列字段,以价格为平均值项。从“Sheet3”工作表的 A1 单元格起建立数据透视表,如下图所示。

	A	B	C	D	E	F	G
1	发票日期	2005/12/2					
2							
3	平均值项:价格	销售办事处					
4	油品名称	长江安门站	长江白桥站	长江本部	长江彩云站	长江公园站	长江长海站
5	0号柴油	4.741	4.741	4.86	4.741	4.741	4.741
6	-10柴油			5.16			
7	90号汽油		5.351		5.351		5.351
8	93号汽油	5.676	5.676		5.676	5.676	5.676
9	97号汽油	5.989			5.986	5.987	

(3)将文件另存为“实训 8-4. xls”,存在桌面上。

(4)以“lx8-4a”工作表中的数据为数据源,在该工作表中创建一个“三维簇状条形图”图表,并完成图表中其他格式的设置,如下图所示。

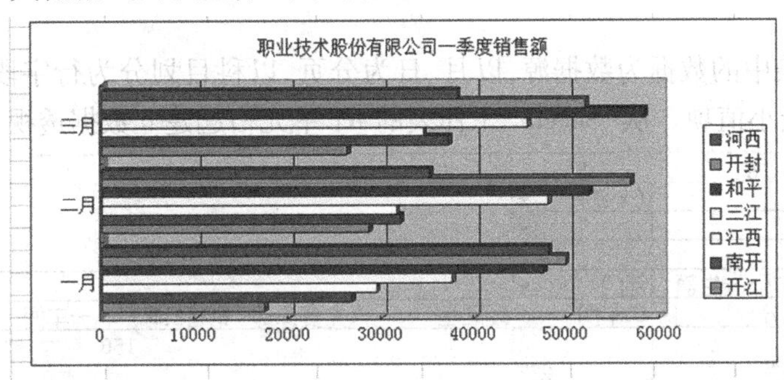

(5)在桌面上创建一个自己姓名的文件夹,将以上生成的文件放在自己姓名的文件夹中,并提交给老师。

【实训反馈】(说明掌握的程度)

通过实验,我掌握了____________________

____

__________________________等知识点。

通过练习,我掌握了____________________

____

__________________________等操作技巧。

还有以下疑问:

【实训小结】(练习心得体会,自己写)

实训 8-5

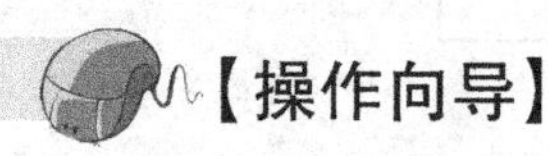

【操作向导】

(1)打开“实训 8”中的“素材. xls”文件，将“lx8-5”和“lx8-5a”工作表的内容复制到新的工作簿下。

(2)以工作表中的数据为数据源，以月、日为分页，以科目划分为行字段，以部门为列字段，以发生额为最小值项。从“Sheet3”工作表的 A1 单元格起建立数据透视表，如下图所示。

	A	B	C	D	E	F	G
1	月	(全部)					
2	日	29					
3							
4	最小值项:发生额	部门					
5	科目划分	二车间	经理室	人力资源部	销售1部	一车间	总计
6	出差费				150		150
7	出租车费	277				14	14
8	过桥过路费	50					50
9	交通工具消耗	600					600
10	手机电话费		180				180
11	邮寄费	78				5	5
12	运费附加	56					56
13	资料费			258			258
14	总计	50	180	258	150	5	5

(3)将文件另存为“实训 8-5. xls”，存在桌面上。

(4)以“实训 8-5a”工作表中的数据为数据源，在该工作表中创建一个“堆积面积图”图表，并完成图表中其他格式的设置，如下图所示。

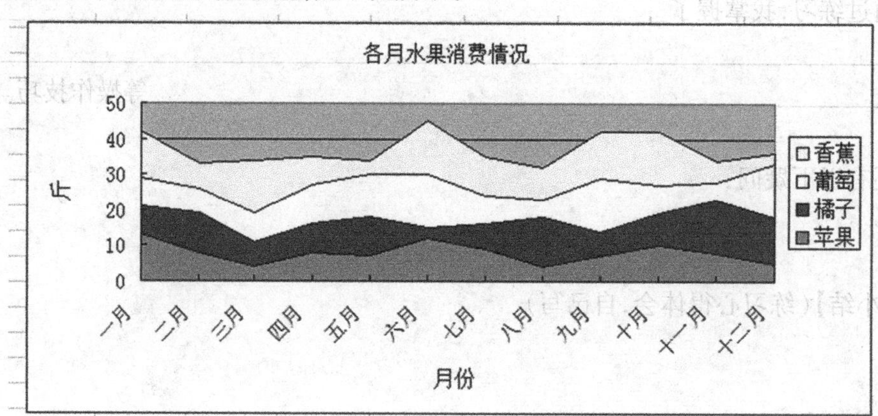

(5)在桌面上创建一个自己姓名的文件夹，将以上生成的文件放在自己姓名文件夹中，并提交给老师。

【实训反馈】(说明掌握的程度)

通过实验,我掌握了____

____

____等知识点。

通过练习,我掌握了____

____

____等操作技巧。

还有以下疑问:

【实训小结】(练习心得体会,自己写)

实训报告

<table>
<tr><td>实训项目</td><td>实训八　数据透视表</td><td rowspan="2">成　绩</td><td rowspan="2"></td></tr>
<tr><td rowspan="2">实训时间</td><td>第　周　年　月　日</td></tr>
<tr><td>星期(　)节次</td><td>批改教师</td><td></td></tr>
<tr><td>实训地点</td><td></td><td>批改时间</td><td></td></tr>
<tr><td colspan="4">根据所做实训,回答以下问题</td></tr>
<tr><td colspan="4">(1)如何创建图表?
• 选择“插入”→“图表”命令。
• 单击工具栏上的“ ”按钮。
请说明图表的作用:</td></tr>
</table>

(2)说明数据透视表的作用:

【实训反馈】(说明掌握的程度)

通过实验,我已掌握:

【实训小结】(实验心得体会,自己写)

Word 和 Excel 综合运用

实训 9-1

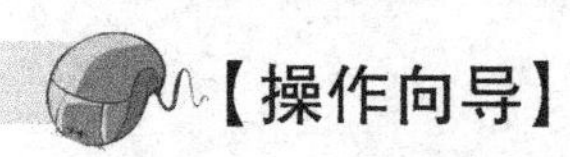

【操作向导】

(1)在指定盘中打开“实训 9”中“9-1”文件夹中的“9-1. doc”文档。

(2)按照样文进行编排,注意整体版面的效果。文件名命名为“实训 9-1”,保存在自己姓名文件夹中。

样文如下:

教育与职业(旬刊)

中共中央统战部主管　　中华职业教育社主办

全国中文核心期刊　　全国职教期刊一等奖

黄炎培先生创办	教育管理的 参谋
邹韬奋曾任主编	专家学者的 论坛
传承百年职教历史	教师交流的 园地
权威刊物独家特色	透视职教的 窗口

《教育与职业》是我国著名教育家黄炎培先生于 1917 年创办，在国家出版部署注册的近万种期刊中创刊最早、刊史最长，在百年职业教育发展中独树一帜，是国家职业教育专业期刊，覆盖全国各省市及港澳台、东南亚等地区。

本刊为旬刊，上旬版为综合版，中旬为理论版，下旬版为学生版。

上旬版（综合版）主要栏目：方针政策、权威视点、职教论坛、部委信息、院校采风、院校长论坛、管理艺术、教学改革、办学经纬、教海拾贝、教学教法、德育工作、教育话题、班主任园地、他山之石等。

中旬版（主要栏目）：学术前沿、教育理论研究、教学研究、农村教育、德育及素质教育、民办教育、课程改革、成人教育、比较丰富、教师专业化、教育管理与决策、博士论坛、探讨与争鸣。

上旬版和中旬版立足中国职业教育改革与发展实际，探讨当前社会和教育界关注的教育重点、热点和难点问题，及是反映国内外教育理论及教育改革方面的最新研究成果，倡导学术创新，促进学术交流，提高学术水平，推动教育事业发展。面向教育第一线的教育工作者、教育行政管理人员、教育理论研究机构、各级各类院校以及民办学校和企业培训中心。

下旬版（学生知音）主要栏目：学习攻略、学子论坛、魅力青春、名人录、职场人物、教子有方、育人点滴、师生之间、职场金钥匙、职场故事、职海导航、普法维权、八面来风、情感地带等。本版以大中专院校师生为基本读者，面向广大社会青年。给大家以学习、升学和就业、创业指导，融合丰富的校园文化生活，关注社会热功当量点，沟通学习与就业。

本刊国内外公开发行，每月 1 日、11 日、21 日出版，国际标准刊号 ISSN1004-3985，国内统一刊号 CN 11-1004。每期定价 6 元，全年 216 元，全国各地邮局订阅，杂志社发行部可分别办理综合版、理论和学生版的订阅和邮购。

联系人: 刘曦歆　王琦　李岚

社　址: 北京崇文区永定门外乐林路甲 69 号　　**邮编:** 100075

开户行: 中国工商银行北京市分行马家堡分理　　**账号:** 0200049709014405907

国内邮发代号: 82-139　　国外邮发代号: SM-3318

订阅热线:(010)67214711、67214710　　热线传真:(010)67262082

http://www.zhzjs.oeg.cn/zazhi.htm　　E-mail:azahi1917@263.net

本刊发行部随时为您提供咨询和征订服务

(3)根据样文,做一张 Excel 的学生成绩统计表,计算出总分和平均分,将此表保存在自己姓名文件夹中,文件名为“实训 9-1”。

学生成绩统计表

姓名	语文	数学	英语	文字处理	C 语言	操作系统	总分	平均分
王小萌	67	87	78	90	78	49		
周东婷	90	89	71	78	90	98		
李省岍	34	79	95	67	73	61		
刘渝海	62	46	87	88	78	67		
宋高兴	69	98	92	93	68	78		
陈　程	80	50	59	68	84	74		
张大山	79	82	84	94	94	58		

(4)打开“实训 9”中的“9-1”文件夹中的“个人总结”,进行规范排版,将其保存在自己姓名文件夹中。

【实训反馈】(说明掌握的程度)

通过实验,我掌握了____

____

____等知识点。

通过练习,我掌握了____

____

____等操作技巧。

还有以下疑问:

【实训小结】(练习心得体会,自己写)

实训 9-2

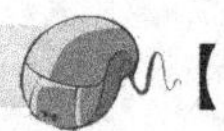

【操作向导】

(1)在指定盘中打开“实训 9”中“9-2”文件夹中的“9-2. doc”文档。

(2)根据所提供的素材，按照样文进行编排，注意整体版面的效果。文件名命名为“实训 9-2”，保存在自己姓名文件夹中。

样文如下：

画苑撷英　　1

风驰电掣顾盼有神

二十年代，徐悲鸿去法国巴黎高等美术学校学习油画。他在勤奋掌握人体素描技巧的同时，即开始研究马的骨骼、经络等生理结构，并对活马写生，以马为措联，速写稿　达一千多幅，不但掌握了马的各种造型，而且对马的坚毅、　敏捷、驯良，以及驰骋时的娇健和休憩　时的安静等性格特征，都了解　得十分细腻、透彻，达到了操联谙陕顶　的境地。但他画马真正有成就，还是在1940年访问印度　之后。这年，徐悲鸿应印度国际大学邀请前往讲学，游历了大吉岭和克什米尔，看到了许多罕见的高头、长腿、宽胸、皮毛像缎子一样闪光的骏马，深为着迷。他还经常骑着这样的骏马远游，更逐渐了解了马的剽悍、勇猛、驯良、耐劳、忠实的性格，终于成了马的知己。这期间，他又对着骏马大量写生，进一步地塑造出千姿百态的奔马，至今为世人所称道和珍爱。

著名画家徐悲鸿

在画马的运笔用墨上，徐悲鸿发挥了中国画的传统，以线造型，常用饱酣的重墨、奔放的笔势加以表现；同时又吸收了西方的画法，局部用体面造型并注意物象的光影明暗。正是这种把中西画法结合得天衣无缝的表现手法，使他的马栩栩如生，充满笔墨情趣，与他画的风前小鸟、枝上喜鹊、小憩花猫，风格迥异，达到了新的境界，取得了前所未有的效果，令人爱不释手。

- **难能可贵的是：他没有被马的表面膘肥体胖的气势所迷惑，而是抓了马的一个最基本、最有艺术魅力的特征--健，不仅画出了马的骨，而且画出了马的神。**
- **徐悲鸿是中国现代著名画家、美术教育家。在他炉火纯青的画笔下，一匹匹飞奔的骏马，或腾空而起，或蹄下生烟，或回首顾盼，或一往直前。即使是低头饮水的，也显示出马的悍气。**

徐悲鸿是中国现代著名画家、美术教育家。在他炉火纯青的画笔下，一匹匹飞奔的骏马，或腾空而起，或蹄下生烟，或回首顾盼，或一往直前。即使是低头饮水的，也显示出马的悍气。

(3)打开“实训 9”中的“9-2. xls”工作表按要求进行操作,直接保存在自己姓名文件夹中。

(4)打开“实训 9”中“9-2”文件夹中的“房屋租赁合同. doc”文档,进行规范排版,将其保存在自己姓名文件夹中。

【实训反馈】(说明掌握的程度)

通过实验,我掌握了____

____

____等知识点。

通过练习,我掌握了____

____

____等操作技巧。

还有以下疑问:

【实训小结】(练习心得体会,自己写)

实训 9-3

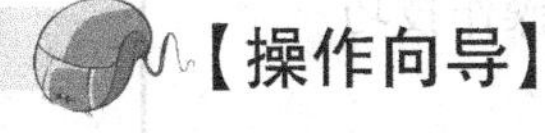

(1)在指定盘中打开“实训 9”中“9-3”文件夹中的“9-3. doc”文档。

(2)根据所提供的素材,按照样文进行编排,注意整体版面的效果。文件名命名为“实训 9-3”,保存在自己姓名文件夹中。

样文如下：

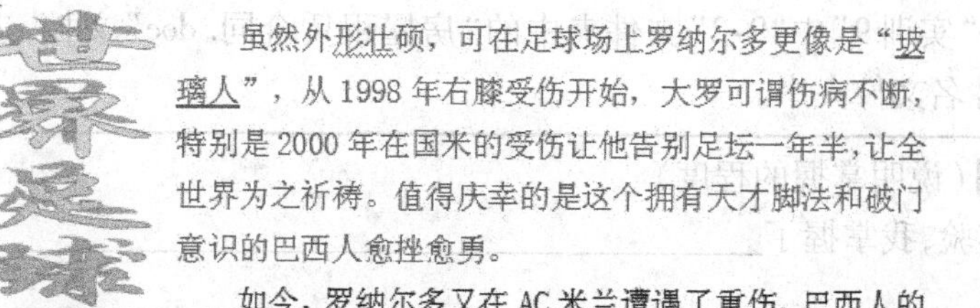

世界足球巨星坠落

虽然外形壮硕，可在足球场上罗纳尔多更像是“玻璃人”，从1998年右膝受伤开始，大罗可谓伤病不断，特别是2000年在国米的受伤让他告别足坛一年半，让全世界为之祈祷。值得庆幸的是这个拥有天才脚法和破门意识的巴西人愈挫愈勇。

如今，罗纳尔多又在AC米兰遭遇了重伤，巴西人的眼泪在同一座城市上空飞扬，米兰——罗纳尔多的“伤城”，见证了“外星人”最严重的两次伤痛。只是这一次，已经31岁的大罗已经不再年轻，“外星人”能否再度回归绿茵场？全世界的球迷能做的也许只是又一次漫长的祈祷。

由于体重增加，加上右膝有旧伤，大罗的左膝负荷逐渐加重，危险性也进一步加大，实际上罗纳尔多的左膝，在1999年1月时就落下了旧伤，在皇马时也曾几次复发，加上目前罗尼的身体状况糟糕，本赛季以来伤病频繁，只有过5次出场。这一次罗纳尔多的情形与2000年4月那一次极为相似，同样是没有太大的碰撞，同样是含泪下场，只不过伤处换成了左膝。糟糕的身体状况和每况愈下的状态，给大罗的复出前景蒙上了一层阴影。意大利当地媒体认为大罗很可能结束自己的足球生涯。

(3)打开“实训9”中的“9-3. xls”工作表按要求进行操作，直接保存在自己姓名文件夹中。

(4)打开“实训9”中“9-3”文件夹中的“员工转正申请表. doc”文档，进行规范排版，将其保存在自己姓名文件夹中。

【实训反馈】(说明掌握的程度)

通过实验，我掌握了____

____等知识点。

通过练习，我掌握了____

____等操作技巧。

还有以下疑问：

【实训小结】(练习心得体会,自己写)

实训 9-4

【操作向导】

(1)在指定盘中打开“实训 9”中“9-4”文件夹中的“9-4. doc”文档。

(2)根据所提供的素材,按照样文进行编排,注意整体版面的效果。文件名命名为“实训 9-4”,保存在自己姓名文件夹中。

样文如下:

从小梦飞翔 不惑圆九天

仿佛是为飞翔而生的。41 年前,聂海胜诞生于湖北枣阳阳垱镇一个小村庄。儿时的一天,他在山坡上放羊,躺在草丛上睡觉,突然梦见自己长出一双大大的翅膀,忽闪忽闪飞上了蓝天。那时,他是一个贫困的山里娃,从来没有见过飞机。

41 年后的今天,当在八兄妹中排行老六的他年逾不惑时,那个无缘无故长翅膀的梦终于圆了,圆在“太空一往返,中华五千年”的九天,圆在 13 亿中国人民的心田!

而飞翔的天路坎坎坷坷。小时候,聂海胜家里穷啊,他经常穿姐姐的旧衣服,打赤脚。每天最多能搜捡到的就是杂面饼和红薯面做的黑窝子,萝卜干、咸菜、大酱是家中餐桌上的主菜。父母常常为几元钱的学费东挪西借。兔子,有时成了交到老师手中的“学费”。有一次,他把一条摸来的二三十斤重的大鱼卖给老师,拿两元钱交了学费。他学习很刻苦,寝室里一般都准时关灯,有时背诵内容没记住,他就在校园的路灯下读书。他数学成绩特别好,考试经常第一个交卷,而且经常是满分。

16岁上初中时，父亲病逝，贫困的农家更是雪上加霜。但聂海胜仿佛知道要为飞翔做准备。他刻苦学习，初中毕业考上了县重点高中，成为全镇两个考上的学生之一。学校给了他助学金，每次放假，他还去打工、做农活，挣上十几块钱，攒够了上高中的学费。

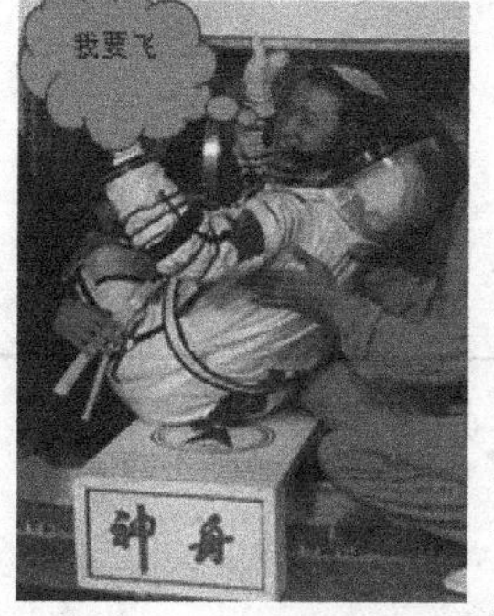

聂海胜说："吃苦多的人，遇到什么都想得开。"高中毕业时遇上了航校招飞行员，他被录取了。临行前，海胜像往常一样，只背了一个书包，没有更多的行李。他不让母亲送行，是怕母亲难过。当年，他成了同行中第一个放单飞的人，教官让他给其他学员讲讲飞行体会，不善言辞的他只说了一句话："啥也不想，只管飞！"终于通过艰辛的努力圆自己的梦想。

(3)打开"实训9"中的"9-4. xls"工作表，按要求进行操作，直接保存在自己姓名文件夹中。

(4)打开"9-4"文件夹中的"家居装饰装修施工合同. doc"文档，运用所学过的知识，对它进行规范排版，将文件直接保存在自己姓名文件夹下。

【实训反馈】(说明掌握的程度)

通过实验，我掌握了____

____

____等知识点。

通过练习，我掌握了____

____

____等操作技巧。

还有以下疑问：

【实训小结】(练习心得体会，自己写)

实训 9-5

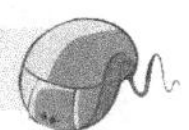

【操作向导】

(1)打开“实训 9”中的“9-5”文件夹,按照“版面样文”“Word 下表格及公式样文”,根据所提供的素材排出一样的版面,并保存,文件名命名为“Word 文件”(注:版面做在第一页,表格及公式做在第二页)。

(2)利用所学的知识对“通知. doc”进行规范排版,保存在“Word 文件”的第三页中,并在每页页脚处加入页码,页码格式为居中。

(3)按照“Excel 表格”在 Excel 下做出如样文所示的电子表格,并保存,文件名命名为“Excel 表格”。

样文如下:

网站和网络电视

几乎所有的企业都意识到 Internet 是宣传企业的一个好窗口,在对已经建站的 10 家企业的电话采访中,大家都谈到了当前企业建设网站的主要目的是起到企业的形象宣传作用。

既然是宣传,网站的设计应该是十分关键的,它一方面代表了一个企业的文化,也代表了企业的形象;另一方面它应该给浏览网页的人带来一种美的享受。

海尔集团的网站设计不能算是完美,但是它的网站流露出来的一种企业文化给人留下了很深的印象。在海尔集团的网页中,除了有企业的文化、产品和组织机构介绍以外,还有电子贺卡、指南针等服务性栏目,虽然这两个栏目办得还很简单,但是企业“为您着想”的宗旨无形之间流露出来,让人们感到商业之外的温馨。

网络电视的承诺十分简单,网络冲浪不再是电脑用户的特权,您现在可以用类似有线电视盒的电视预置设备访问万维网。这个盒子(或是游戏机,如世嘉土星或苹果 Pippin)内部藏有调制解调器及所有必需的网络浏览软件。将这个盒子连接在电视及电话线上,您就能安坐在沙发中浏览网页了。

创业成功的六条原理

密歇根州立大学的一项研究发现了六条指导创业成功的原理。

反复构造图景,

抓住连续的机会成功,

放弃自主独断,

成为你竞争对手的恶梦,

培育创业精神,

靠团队配合而势不可挡,

随着公司的发展和雇员人数的增多,一天接一天的日常工作会使人们看不到公司的主要目标,通过鼓励和协助团队合作,雇员把自己放在正确的努力方向上,需要不断剪裁调整团队,如规模、职责范围和它的组成等来适应眼下特定的情境。

把培训雇员的概念延展为横向培训,使雇员们熟悉公司、公司中其他人在做什么,这能够帮助雇员们看到他们在更大的情景中自己所适宜的地方。

差旅费用报销单

<table>
<tr><td>报销单位</td><td></td><td>姓名</td><td></td><td>职别</td><td></td><td>级别</td><td></td><td>出差地</td><td></td></tr>
<tr><td rowspan="2">项目</td><td colspan="4">交通工具</td><td>住宿费</td><td colspan="2">伙食补贴</td><td colspan="2">其他</td></tr>
<tr><td>飞机</td><td>火车</td><td>轮船</td><td>汽车</td><td></td><td colspan="2"></td><td colspan="2"></td></tr>
<tr><td colspan="2">总计金额（大写）</td><td colspan="3"></td><td>金额（小写）</td><td colspan="4"></td></tr>
<tr><td rowspan="3">路线票价</td><td rowspan="3">月
日</td><td colspan="8"></td></tr>
<tr><td colspan="8"></td></tr>
<tr><td colspan="8"></td></tr>
<tr><td>主管人</td><td colspan="2"></td><td>出差人</td><td colspan="2"></td><td>经手人</td><td colspan="3"></td></tr>
</table>

① $\mu_x = \sqrt{\frac{\sigma^2}{r}\left(\frac{R-r}{R-l}\right)}$　　② $J = \left|M_V / S_1\right|$

Word 下的表格

员工计件统计表

月份：

日期 姓名	第一周	第二周	第三周	第四周	基本工作量	超工作量
张思思	167	187	178	190	450	
陈小山	190	189	171	178	450	
李大庆	134	179	195	167	450	
刘海洋	162	146	187	188	450	
李　想	169	198	192	193	450	
周　茜	180	150	159	168	450	
王熙凤	179	182	184	199	450	

Excel 下的表格

注意：做完所有的题后，在桌面上创建一个自己姓名命名的文件夹，然后将“Word 文件”和“Excel 表格”两个文件存放在自己姓名的文件夹中，然后提交作业到教师机中。

【实训反馈】（说明掌握的程度）

通过实验，我掌握了＿＿＿等知识点。

通过练习，我掌握了＿＿＿等操作技巧。

还有以下疑问：

【实训小结】(练习心得体会,自己写)

实训报告

<table>
<tr><td>实训项目</td><td>实训九　Word 和 Excel 综合应用</td><td rowspan="2">成绩</td><td rowspan="2"></td></tr>
<tr><td rowspan="2">实训时间</td><td>第　周　年　月　日</td></tr>
<tr><td>星期(　)节次</td><td>批改教师</td><td></td></tr>
<tr><td>实训地点</td><td></td><td>批改时间</td><td></td></tr>
<tr><td colspan="4">根据所做实训,回答以下问题</td></tr>
<tr><td colspan="4">(1)你认为学习了 Word 和 Excel 能做些什么?

(2)表格在 Word 和 Excel 下操作,有什么异同?

(3)你对应用文的编排有更深一步的理解吗?</td></tr>
</table>

【实训反馈】(说明掌握的程度)

通过实验,我已掌握:

【实训小结】(实验心得体会,自己写)

Access 基本操作

目标和要求

- 掌握 Access 2007 的启动与退出。
- 熟悉 Access 2007 的窗口界面。
- 了解 Access 数据库中包含的各类对象。
- 掌握创建数据库的基本方法。
- 掌握用多种方法创建数据表。
- 了解表间关系的类型。
- 理解索引和主键的概念。
- 掌握设置主键和索引的方法。
- 掌握创建表间关系的方法。

能力目标

- 会建立数据库。
- 用直接输入数据法建立数据表。
- 会使用表模板创建数据表。
- 会使用表设计器创建数据表。
- 会创建表间关系。

实训 10-1

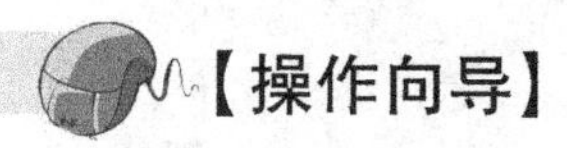

【操作向导】

(1)启动 Access 2007,熟悉 Access 2007 界面。

写出你启动 Access 2007 的方法:

(2)新建一个空数据库“东东花店数据库. accdb”。

①单击左上角程序图标,在弹出的菜单中单击“新建”。

②在右侧空白数据库的“文件名”处输入“东东花店数据库”。

③选择保存位置后,单击“创建”按钮。

(3)在“表”视图窗口中输入商品表中的内容,如下图所示。

ID	字段1	字段2	字段3	字段4
1	SP001	爱相随	￥253.00	Images\h001.bmp
2	SP002	叮咛	￥195.00	Images\h002.bmp
3	SP003	火爱的心	￥180.00	Images\h003.bmp
4	SP004	快乐吉祥	￥375.00	Images\h004.bmp
5	SP005	浪漫相拥	￥265.00	Images\h005.bmp
(新建)				

(4)右击字段名“字段 1”,重命名为“商品编码”。

用同样的方法将“ID”、“字段 2”、“字段 3”、“字段 4”分别更名为“商品 ID”、“花名”、“单价”、“图片路径”,效果如下图所示。

商品ID	商品编码	花名	单价	图片路径
1	SP001	爱相随	￥253.00	Images\h001.bmp
2	SP002	叮咛	￥195.00	Images\h002.bmp
3	SP003	火爱的心	￥180.00	Images\h003.bmp
4	SP004	快乐吉祥	￥375.00	Images\h004.bmp
5	SP005	浪漫相拥	￥265.00	Images\h005.bmp
(新建)				

(5)单击“表视图”右侧的“关闭”按钮,在“另存为”对话框中输入表名“商品表”后,单击“确定”按钮。

【实训反馈】(说明掌握的程度)

通过实验,我掌握了____等知识点。

通过练习,我掌握了____等操作技巧。

还有以下疑问:

【实训小结】(练习心得体会,自己写)

实训 10-2

【操作向导】

(1)启动 Access 2007。

(2)选择程序窗口中的“创建”选项卡。

①选择表中的“表模板”命令。

②在下拉列表中单击“联系人”,打开表视图。

(3)建立表结构。

①删除“ID”、“名字”、“住宅电话”以外的其他字段。

②将“ID”、“名字”、“住宅电话”分别更名为“订货人 ID”、“订货人姓名”和“订货人联系电话”,效果如下图所示。

③添加订货人编码。

④将“订货人编码”拖曳至“订货人 ID”和“订货人姓名”之间。

注意：可以直接在“订货人 ID”和“订货人姓名”之间插入“订货人编码”。

(4)输入表记录，效果如下图所示。

订货人ID	订货人编码	订货人姓名	订货人联系电话
1	DH001	刘毅	(023)65454718
2	DH002	王红梅	(023)66788243
3	DH003	刘志强	(023)68147916
(新建)			

(5)单击“表视图”右侧的“关闭”按钮，在“另存为”对话框中输入表名“订货人表”后，单击“确定”按钮。

(6)用同样的方法建立下表。

收货人表

收货人 ID	收货人编码	收货人姓名	收货人地址	收货人联系电话
1	SH001	罗晓秋	上海路 112 号	(023)73923874
2	SH002	李莎莎	天津路 223 号	(023)72458913
3	SH003	朱　丹	南京路 334 号	(023)47583428

【实训反馈】(说明掌握的程度)

通过实验，我掌握了____

____

____等知识点。

通过练习，我掌握了____

____

____等操作技巧。

还有以下疑问：

【实训小结】(练习心得体会，自己写)

实训 10-3

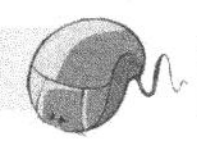

【操作向导】

(1)打开“东东花店数据库”。

(2)选择程序窗口中的“创建”选项卡。

(3)单击“表”中的“表设计”按钮,打开表设计视图,如下图所示。

①认识表设计视图。

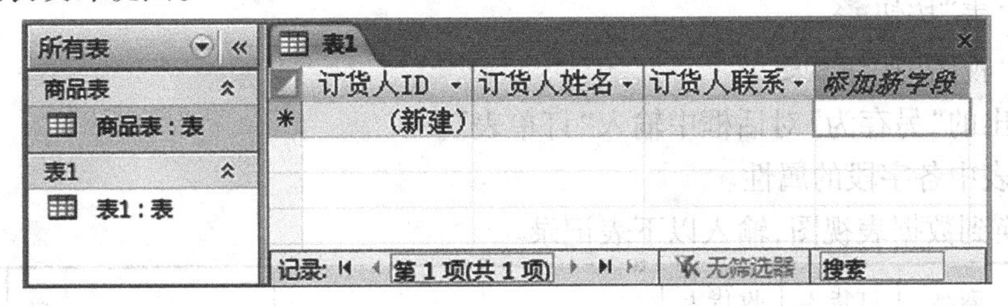

②认识字段的数据类型。

数据类型	说　明	大　小
文本	文本或文本与数字的组合;也可以是与计算无关的数字,如姓名,电话号码等	最长为 255 个字符
备注	长文本,例如一些说明性的文字	最长为 64 000 个字符
数字	用于计算的数字,但是有 2 种数字用单独的数据类型表示:货币和日期/时间	分为整形、长整形、单精度、双精度等,长度分别为 1,2,4,8 个字节
日期/时间	表示与日期或时间有关的数据	8 个字节
货币	表示货币值,可以精确到小数据点左侧 15 位、右侧 4 位	8 个字节
自动编号	在添加记录时自动插入的序号(每次递增 1)	4 个字节
是/否	表示逻辑值:是/否或真/假	1 个字节
超级链接	保存超级链接的字段	最长为 64 000 个字符
OLE 对象	用于链接或嵌入其他应用程序创建的对象,如 Word 文字、电子表格、图像或声音等	最大可为 1 GB
查询向导	字段允许使用组合框选择另一个表或者一个列表的值,若选择此项,将打开向导进行定义	4 个字节

③设计订单表的表结构（教师引导学生完成下表）。

字段名称	数据类型	字段名称	数据类型
订单 ID	自动编号	订单编码	文本（长度为 7）
商品 ID	数字	订货日期	
订货人 ID		送货日期	
收货人 ID		送货标识	
数量			

（4）创建表结构。

①选择“创建”选项卡。

②单击“表”按钮。

③单击“视图”按钮 视图 。

④在弹出的“另存为”对话框中输入“订单表”。

⑤定义表中各字段的属性。

（5）切换到数据表视图，输入以下表记录。

订单 ID	商品 ID	订货人 ID	收货人 ID	订单编码	订货日期	送货日期	数量	送货标识
1	2	1	1	DH00001	2006 - 9 - 10	2006 - 9 - 10	1	是
2	3	2	3	DH00002	2006 - 9 - 10	2006 - 9 - 11	1	否
3	4	2	1	DH00003	2006 - 9 - 10	2006 - 9 - 10	1	是
4	3	1	1	DH00004	2006 - 9 - 11	2006 - 9 - 11	1	是
5	1	3	2	DH00005	2006 - 9 - 11	2006 - 9 - 11	1	是
6	4	1	2	DH00006	2006 - 9 - 11	2006 - 9 - 12	1	否
7	5	3	3	DH00007	2006 - 9 - 11	2006 - 9 - 11	1	否
8	3	3	2	DH00008	2006 - 9 - 11	2006 - 9 - 11	1	否

【实训反馈】（说明掌握的程度）

通过实验，我掌握了____

____等知识点。

通过练习，我掌握了____

____等操作技巧。

还有以下疑问：

【实训小结】(练习心得体会，自己写)

实训 10-4

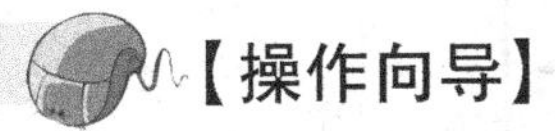

【操作向导】

(1)打开“东东花店数据库”。

(2)为表设置主键。

①将商品表的商品 ID 设置为主键。

在程序窗口中选择“开始”选项卡。

在“表”列表中，双击“商品表”，打开表视图窗口，然后切换到设计视图窗口。

右击“商品 ID”，单击快捷菜单中的“主键”。

思考：如何取消或修改主键？

②用同样的方法，将订单表的“订单 ID”、订货人表的“订货人 ID”和收货人表的“收货人 ID”设置为主键。

(2)在订单表的设计视图中，将订单表中的“商品 ID”、“订货人 ID”、“收货人 ID”设置为普通索引。

选中“商品 ID”字段，在“字段属性”的“索引”列表中选择“有(有重复)”，用同样的方法设置另外两个索引。

(3)认识表间关系。在 Access 中，提供了如下 3 种表间关系：

■一对一关系：表 A 中一条记录可以与表 B 中的一条记录相匹配，而表 B 中的一条记录也只能与表 A 中的一条记录相匹配。如果两表中的相关字段都是主键或唯一索引，则定义一对一的关系。

■一对多关系：表 A 一条记录可以与表 B 中的多条记录相匹配，而表 B 中的一条记录只能与表 A 中的一条记录匹配。如果两表中的相关字段只有一个是主键或唯一索引，则定义一对多的关系。

■多对多关系：表 A 一条记录可以与表 B 中的多条记录相匹配，而表 B 中的一条记录也能与表 A 中的多条记录匹配。多对多关系在数据库应用程序开发中比较少见，通常应先引入第三个表，将多对多关系转化为一对多关系。

做一做：观察以下两表间记录的对应情况填空。

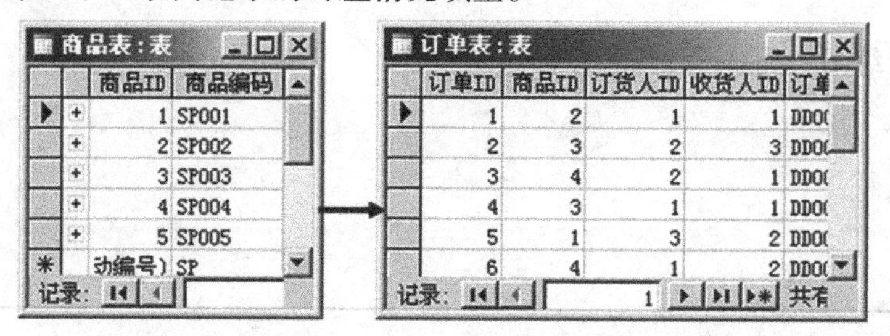

商品表：表

商品ID	商品编码
1	SP001
2	SP002
3	SP003
4	SP004
5	SP005
动编号)	SP

订单表：表

订单ID	商品ID	订货人ID	收货人ID	订单
1	2	1	1	DDO(
2	3	2	3	DDO(
3	4	2	1	DDO(
4	3	1	1	DDO(
5	1	3	2	DDO(
6	4	1	2	DDO(

共同关键字：______________________　关系类型：______________________

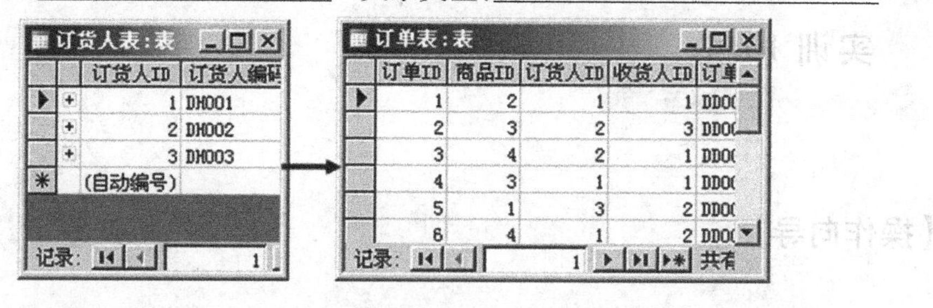

订货人表：表

订货人ID	订货人编码
1	DH001
2	DH002
3	DH003
(自动编号)	

订单表：表

订单ID	商品ID	订货人ID	收货人ID	订单
1	2	1	1	DDO(
2	3	2	3	DDO(
3	4	2	1	DDO(
4	3	1	1	DDO(
5	1	3	2	DDO(
6	4	1	2	DDO(

共同关键字：______________________　关系类型：______________________

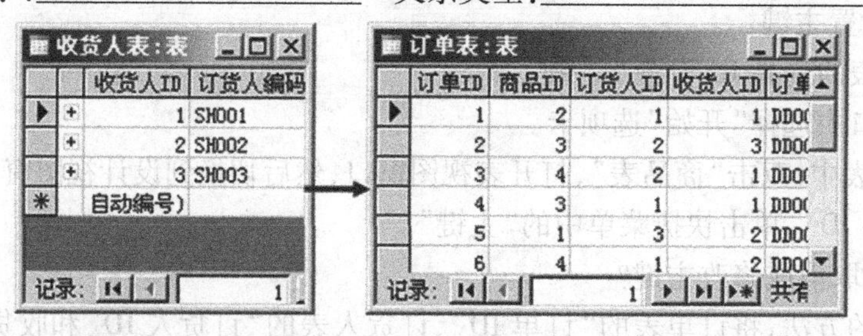

收货人表：表

收货人ID	订货人编码
1	SH001
2	SH002
3	SH003
自动编号)	

订单表：表

订单ID	商品ID	订货人ID	收货人ID	订单
1	2	1	1	DDO(
2	3	2	3	DDO(
3	4	2	1	DDO(
4	3	1	1	DDO(
5	1	3	2	DDO(
6	4	1	2	DDO(

共同关键字：______________________　关系类型：______________________

(5)创建表间关系。选择“数据库工具”选项卡，然后用拖动的方法为东东花店数据库的 4 个表建立以如下图所示的表间关系。

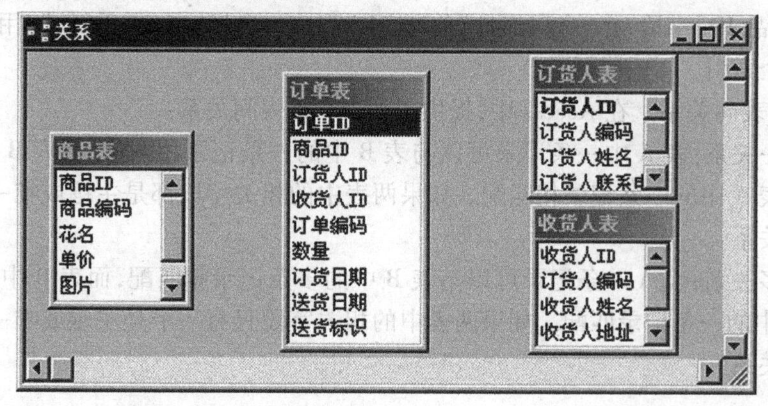

【实训反馈】(说明掌握的程度)

通过实验,我掌握了____

____

____等知识点。

通过练习,我掌握了____

____

____等操作技巧。

还有以下疑问:

【实训小结】(练习心得体会,自己写)

实训报告

<table>
<tr><td>实训项目</td><td>实训十　Access 基本操作</td><td rowspan="2">成绩</td><td rowspan="2"></td></tr>
<tr><td rowspan="2">实训时间</td><td>第　周　年　月　日</td></tr>
<tr><td>星期(　)节次</td><td>批改教师</td><td></td></tr>
<tr><td>实训地点</td><td></td><td>批改时间</td><td></td></tr>
<tr><td colspan="4">根据所做实训,回答以下问题</td></tr>
<tr><td colspan="4">(1)启动 Access 2007,并列写出你知道的启动方法。

(2)观察 Access 2007 程序窗口,写出各部分的名称。</td></tr>
</table>

(3)新建一个空白数据库,文件名为"东东花店数据库.accdb",并简述操作步骤。

(4)观察数据库窗口,列出 Access 数据库包含的各类对象。

(5)简述创建数据表的 3 种方法。

(6)简述设置表主键和索引的步骤。

(7)表间关系有哪 3 种?如何建立表间关系?

【实训反馈】(说明掌握的程度)

通过实验,我已掌握:

【实训小结】(实验心得体会,自己写)

参考文献

[1] 墨思客工作室. Word 经典应用实例[M]. 北京:化学工业出版社,2009.

[2] 国家职业技能鉴定专家委员会计算机专业委员会.《试题汇编》办公软件应用[M]. 北京:红旗出版社,2005.